职场格调

穿对了，就能

张航 —— 著

金城出版社
GOLD WALL PRESS

图书在版编目（CIP）数据

职场格调：穿对了，就能赢 / 张航著 .
— 北京：金城出版社，2019.3
ISBN 978-7-5155-1772-8

Ⅰ . ①职… Ⅱ . ①张… Ⅲ . ①女性－服饰美学
Ⅳ . ① TS976.4

中国版本图书馆 CIP 数据核字（2018）第 262179 号

职场格调：穿对了，就能赢

作　　者　张航
责任编辑　李铁武
开　　本　710 毫米 ×1000 毫米　1/16
印　　张　11.5
字　　数　149 千字
版　　次　2019 年 3 月第 1 版
印　　次　2019 年 3 月第 1 次印刷
印　　刷　天津盛辉印刷有限公司
书　　号　ISBN 978-7-5155-1772-8
定　　价　55.00 元

出版发行　**金城出版社** 北京市朝阳区利泽东二路 3 号
　　　　　邮编　100102
发 行 部　（010）84254364
编 辑 部　（010）64391966
总 编 室　（010）64228516
网　　址　http://www.jccb.com.cn
电子邮箱　jinchengchuban@163.com
法律顾问　北京市安理律师事务所 18911105819

目录

第1章

通勤着装篇

通勤紧跟时髦，职场变秀场

一、不穿黑白配的缤纷8小时

二、穿好万年衣橱基本款

三、上班族紧跟时髦的衣品保单

四、套装不应该和时装脱节

五、给西装穿搭玩一次趣味重组

六、透明新人借助廓形单品提升职场存在感

七、像达人一样诠释衬衫

八、闯荡职场少不了走路带风的时髦裤装

一、不穿黑白配的缤纷 8 小时

职场女性不应该只是聪明能干，穿衣打扮也应该自成一派。

比起黑白配的保守派，能够驾驭缤纷色系的时髦 OL（“Office Lady”的缩写）更有态度。

独立和美丽我们都要拿下！

无彩色系和有彩色系

在职场上想要告别黑白配，成熟驾驭色彩混搭，首先就需要学习色彩的搭配美学。色彩分为两类，即无彩色系和有彩色系。

我们常见的白色、黑色和灰色属于无彩色系，其低饱和的性质造就了它们百搭的特质，搭配任何一件有彩色系的单品，都不会沦为职场穿衣的菜鸟。

有彩色系则指红、橙、黄、绿、青、蓝、紫等颜色，根据其不同明度和纯度，在色相本身基础上，加入适当的白色、黑色、灰色，将呈现出不同的色阶。

有彩色系就是因为可能性太多，特别容易搭配失误，费力不讨好，所以职场新人需要好好琢磨。

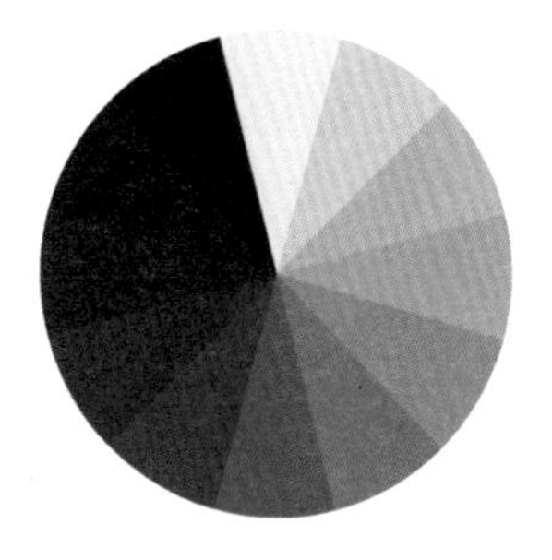

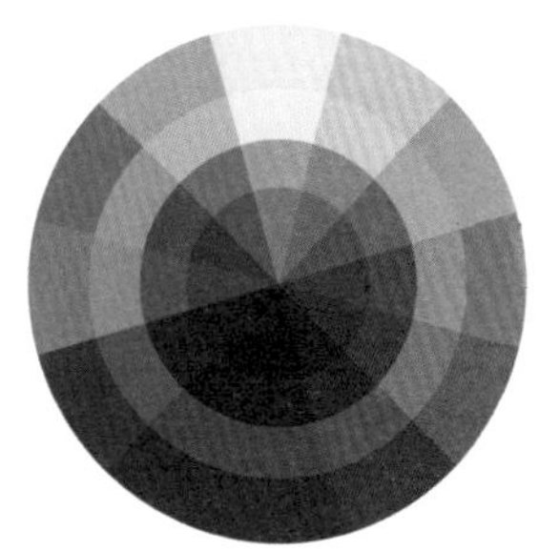

色彩搭配的穿衣经

色彩搭配是一门大学问，想要你的职场穿搭“出彩”，并不是用色越多越好，让几种色彩趋于和谐，不使人眼花缭乱，才是色彩搭配的要点。

当然，在职场中如果你是新员工，用力过猛就是大忌，整体造型控制在三种色彩以内为最佳。

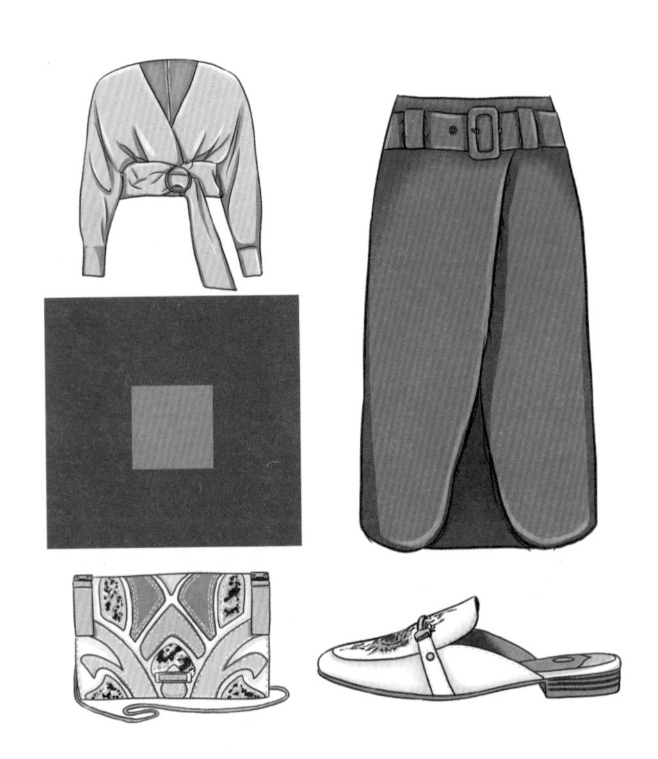

1 对比色搭配

对比色搭配因色相相差大、对比度高，所以对视觉冲击力大，一不小心就会被同事说“爱出风头”。全身搭配尽量控制在一组对比色之内，配饰选择低调风格或无彩色系的为最佳。

对比色系的搭配能让女性的气场大开，某种程度上直观呈现了其性格，让老板一眼看去，就能感觉到这是一个“敢作敢当”的员工。

   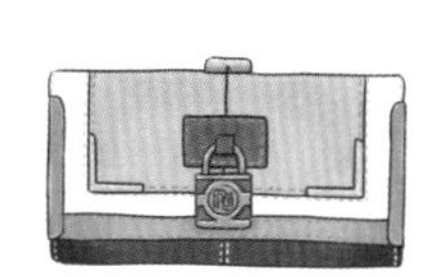 

2　相近色搭配

玩色彩不能玩“过火”，穿得花枝招展容易被说“奇葩”，如果你对色彩的支配能力有限，还是参照色卡，选择邻近的色系进行搭配比较好。

两种相近色系的变化较小，搭配在一起还是会有和谐的视感，在明度和纯度的变化上，会为整个造型增加层次感，相近色搭配比较容易营造柔和、轻快之感，同事们看到你也会觉得很舒服。

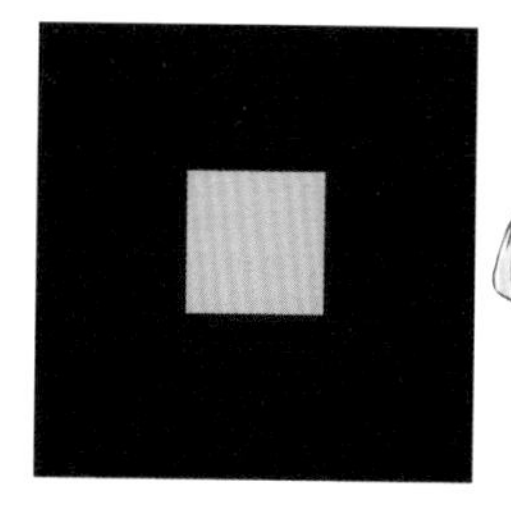    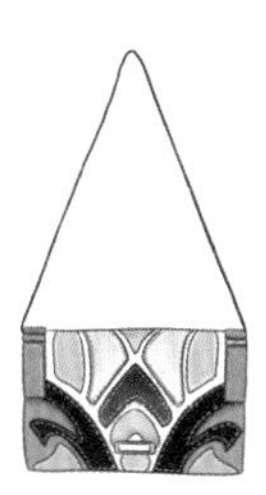

3　无彩色 + 有彩色搭配

职场女性们太清楚身处职场最不能出错，在穿搭上更讲究这个道理！买了这么多黑白灰单品，不能白白浪费，不如注入色彩搭配，让职业造型变得活泼。黑白灰单品搭配任何色系都毫无违和感。配饰上有色彩相互呼应，更是点睛之笔，此种搭配从穿衣上就能呈现出一种理性且专业的能力，老板一看就很喜欢。

二、穿好万年衣橱基本款

对职场女性们来说，基础款才是一张安全王牌！上下班没有时间凹造型，用一件基本款能应对各种社交场合。

但是，请抛弃“基本款＝路人范”这个观念。

别总是在办公室里做一个默默无闻的“路人甲”，基本款穿对了，照样让你成为职场里最亮的星！

T 恤

如果给职场女性一个选择，T 恤一定排第一。毕竟在公司里，再怎么不会穿搭，只要穿 T 恤，就不会被冠以“老土”的称号，永不过时的基本款 T 恤，有的是方法让它时髦起来！

1　如今都流行“开个衩”

要知道办公室里最不缺的就是 T 恤 + 牛仔裤这样的万能搭配。时髦的秘密都在下身，搭配一条开衩裙，在公司来回走动，再也不用害怕撞到“同款搭配”！

2　解放天性的阔腿裤

大多数上班族一天到晚坐在原位，最忌讳的就是穿束缚拘谨的紧身裤。T 恤搭配阔腿裤是近几年的大势所趋，赶了时髦，解放天性，重点是还能藏肉显瘦，好处可不少呢！

3　搭配长马甲让你气场爆灯

简单的 T 恤自有它的妙处，比如搭个马甲什么的，气场自动开启。一件马甲不仅能开启你的气场，还会增加你的“安全感”，别在办公室畏手畏脚的，请自信一点，再自信一点！

4　还需要一件走路带风的西装外套

上班族人手必备的西装外套，别再内搭衬衫，不如换上一件 T 恤。这种穿搭就像干柴遇烈火，随性的时髦感瞬间被点燃，且整体气场十足，这样的搭配也适用于正规场合。

白衬衫

作为职场必备衣物之一的白衬衫，也是通勤装扮里的最强单品，每个人衣橱里都常备有几件。抛去常规的穿法，白衬衫的可造性极强，穿好白衬衫，你就是职场里的弄潮儿！

1 下摆全部塞进去

不难发现，把衬衫塞进下装里比不塞看上去更有精气神，每天容光焕发的出现在老板的视线里，似乎在投射一个信号：老板，我今天真的超有干劲！

2 塞一边也不错

穿衬衫不塞衣角的画风，总觉得看上去不够精致，稍有懒散。工作不能懒散，穿搭同样要灌输这样的理念。塞一边衣角也是不错之选，比衣角全塞更时髦，分分钟让大腿长了几公分。

3 还可以打个结

许多上班族为了舒适多会选择 oversize 款，但是感觉又太“man ”，怎么办？这时打一个结就能立刻获得“小清新”“女人味”的属性！

4 多松开两颗纽扣

作为一个年轻上班族，思想也不该这么刻板，稍微开放一点点也没什么不可以。解开几颗扣子打造 V 领洒脱率性的即视感，在视觉上拉长你的颈部线条，还能修饰脸形。

1
2
3 | 4

长开衫

办公室时常开着空调，即使是夏天，也会让人觉得稍有凉意。这个时候，准备一件长开衫真的很有必要。开衫的好处在于，它可以忽略身材等客观因素，谁穿都美！而且它就像一块“风格白板”，爱怎么穿就怎么穿。

1　最不踩雷款——牛仔裤

一个严谨的职业女性，当然是要将出错率降到最低，这是 OL 必备技能。开衫 + 牛仔裤就最符合此心意。一件开衫能提升牛仔裤的整体造型感，让人感觉既舒适又不失个性。

2　气质首选款——吊带裙

偶尔想要穿一次吊带裙，无奈的是职场里穿得太“裸露”容易招惹麻烦。但是买了吊带裙不能不穿吧？其实，在外面套一件长开衫就可以啦。搭配一双细高跟，温柔气质尽显无疑。

3　高街时髦款——短搭

迷你身材不想穿高跟，还想要“长高”怎么办？长开衫 + 短内搭是最常用的身高“障眼法”！短内搭和长开衫营造出的长度对比有一个奇妙的作用——显腿长。下了班走在街头依旧“高街时尚”！

4　毫不费力款——同色系

采用同色系的搭配穿开衫是最不用动脑的方法，每天上班被闹钟叫醒，睡眼惺忪不知道开衫怎么搭配，选同色就对了。既不出错，又能让你每天多睡个十分钟，懒癌星人最适用！

1
2
3 | 4

三、上班族紧跟时髦的衣品保单

职场如战场，战斗力不仅仅体现在工作能力，穿衣也是一种隐形的较量，会穿衣能让你从外在赢得青睐，是妥妥的送分题！

不想在这一题上丢分，也是有规可循的，挑来挑去不如选择经典元素，它才是时髦上班族一份永不失效的保单！

格纹元素

职场里的“保守派”大于“少数派”，经典元素才是上班族最安全的王牌！条纹和格子在时尚圈内风潮不退，每年都会强势入侵衣橱。无论每年的流行风向标怎么变，流行元素如何更新换代，格纹永远都是流行的主角。

穿搭黑榜

多件格纹单品的叠搭不是不被提倡，但是风险太大。这样的穿搭容易造成审美疲劳和视觉缭乱，穿得乱七八糟不容易得到上司的赏识，让人印象大打折扣。

记住！在职场中，无论是色彩还是元素，尽量少一些。

穿搭红榜 points

没有一件蓝白条纹衬衫，怎么好意思说自己是衬衫控？如果担心自己穿搭功力不精，害怕在办公室落下“穿着病号服”的口舌，在选择款式上就要注重细节上的设计，比如加入刺绣、蝴蝶结、绑带等元素，更时髦的细节让你摆脱“病号服”的头衔。

格纹“One-piece”款最方便安全，睡眠时间对“朝九晚六”的上班族来说，都是分秒必争的，每天起床不想绞尽脑汁地想如何穿搭，一件格纹连衣裙、套装或连体裤就能搞定，讨好不费力，懒癌星人的最佳时髦武器。

条纹单品首选竖条纹，在视觉上，横条纹会让人略显膨胀，而竖条纹的走向更能呈现纤瘦高挑的效果。

黑白格纹最经典，但也最容易撞衫，彩色格纹更值得投资。它能营造一种活力感，点亮公司整个“黑白灰”的沉闷气氛。

波点元素

波点的流行程度完全不亚于格纹元素，它也是每年复古爱好者的首选。波点的大小和排列组合都能呈现不同的效果，清新、浪漫、有趣这些风格标签都能被波点赋予。

穿搭黑榜

在一定程度上，波点元素很难被接受。波点不宜混搭，否则容易产生廉价感，也容易被密集恐惧症的同事“屏蔽”。设计复杂的波点款式也让整体穿搭过于厚重烦琐。

穿搭红榜 points

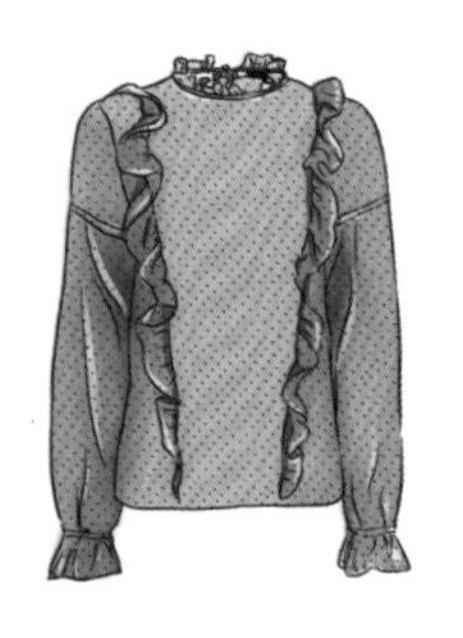

波点的大小选择颇有讲究，因为圆形容易产生视觉膨胀感，所以选小波点更具有百搭效果。大波点也能用，但是不能过于密集，局部使用最恰当。

波点给人一种法式复古的感觉，单品选择伞裙、鱼尾裙这样简洁设计的裙装最完美，能彰显女性的优雅浪漫之感。

炫彩波点极具时髦感，会为整个人增加趣味性，能一改办公室呆板无趣的氛围，但是不能与其他单品进行撞色，否则真的就要被拉入同事的“黑名单”了。

蝴蝶结绑带元素

职场女性除了要简洁利落，还要增加点细节元素，蝴蝶结绑带就是从细节上为整体造型增加亮点的配饰，改变整个人凌厉的气场，为你增加好人缘。

穿搭黑榜

蝴蝶结虽然很减龄很甜美，但是选择小蝴蝶结有失大气，过于正式，有一种随时出入会议场合的即视感。一般一件单品上一到两个蝴蝶结元素最适宜，过多元素的堆积很杂乱，切记，简单点。

穿搭红榜 points

普通款式的衬衫不够出挑，而有蝴蝶结绑带元素的衬衫既通勤也时髦，选择领口或者袖口有蝴蝶结绑带元素的衬衫，更显甜美文艺。

蝴蝶结绑带元素无论用在何种单品上基本都不踩雷，蝴蝶结的花样也有许多种，其中带有飘带的蝴蝶结更显飘逸，有走路带风的效果。

即使没有蝴蝶结元素，腰带也能打个结变成蝴蝶结，瘦腰显瘦，又能点亮造型。

四、套装不应该和时装脱节

职业套装是上班族的必备衣物之一，但是上班族穿搭一定要避免俗套，套装法则也是如此。

套装不应该和时装脱节，接轨时髦才能让自己变身摩登女郎，从外在增添一份自信，是时候重新洗刷套装的套路了。

传统的职业套装无论是款式还是颜色都过于沉闷，没有辨识度。工作占据生活三分之一的时间，不如让套装接轨时尚，让工作也能有时尚参与度。

时髦无处不在，我们不该把工作的场合排除在外。告别过去的老套，让你的套装来点不一样的花样，无论是上班还是下班，你都可以是时尚一族。

让你的套装变得不一样——裤装套装

1 把公司当作家的睡衣裤装

睡衣风近年来红红火火，穿睡衣风套装去上班才是真正的与时尚接轨。睡衣风的套装并不是那么好驾驭，一不小心很容易让人陷入尴尬，让同事认为“你真把公司当家呢”？这个时候就需要一双高跟鞋来“解释”一下，为整体增添精致感，时髦配件也能为造型加分。

加分点：绸缎面料，舒适度高，高级且有质感。

减分点：拒绝拖鞋和密集印花睡衣风，此种搭配过于居家随意，不符合职场法则。

2 下了班就能去健身的运动裤装

运动套装的舒适和宽松一直都是上班族的首选，想要摆脱“学生装”的即视感，在套装的选择上要抓住一些小心机元素：如绑带、阔腿、短款卫衣等，增加街头范儿。

加分点：能够在套装上体现的细节流行元素，让运动套装更有街头 chic。

减分点：特别大的印花略显廉价，直筒裤的裤腿过于中规中矩，无亮点可寻。

3 气场两米八的阔腿裤装

阔腿裤装能让人集气质与气场于一身，比起通勤的西服套装，阔腿裤更有一种“解放天性”的感觉，宽松自在，还能营造中性帅气风格，不只是工作场合，重要的正式场合同样适用。

加分点：带有双排扣的上衣更修身，裤长及地更显腿长，也能优化身材的比例。

减分点：裤长不要短于八分，这会让身材变成五五比例。

1
2
3

让你的套装变得不一样
——裙装套装

1　随时都要优雅的小香风裙装

职场中不同身份的人会注重不同的穿衣打扮，而身处领导级别的女性更不能随意应付。小香风套装兼顾优雅知性，在服装上就已抢占先机。

加分点： 小香风套装是极其不易踩雷的 Look，任意的配搭都能很好看。

减分点： 半身裙长度不能长于膝盖，裙装过长有些许厚重感。

2　甜美又减龄的蝴蝶结裙装

职场中都是干练利落的穿衣法则，偶尔穿上一套蝴蝶结的文艺套装去上班，一定能在办公室脱颖而出，甜美减龄的穿衣风格能让公司的氛围都甜起来！

加分点： 搭配高跟鞋不如搭配甜美系的平底鞋或小白鞋，秒变办公室的“小公举”。

减分点： 此种套装一定要以纽扣式 + 衬衫领口，否则会少一些“书香气息”。

3　有设计感的摩登裙装

套装不能沉闷和古板，可以选择极简风格，仍然不跳脱西装 + 半身裙的套路，不过注入一些设计感就能成功吸睛，极简也能让你成为摩登上班女郎。

加分点： 选择极简风格套装加入设计感的元素，赢在细节才有态度。

减分点： 内搭不能过于亮眼，抢了细节设计的风头就功亏一篑了。

1
2
3

1　用球鞋来进行混搭

高跟鞋是上班族的必备，但是下了班想去娱乐，高跟鞋就成了累赘。高街单品的球鞋才是时髦且舒适的最佳利器，它能为套装增加随意混搭的感觉。

2　腕表提升你的腔调

有“选择困难症”的上班族在首饰上很难抉择，不如用腕表来彰显品味。简洁大方的腕表彰显落落大方的气质，更有时髦腔调。佩戴腕表还会为上班族增加一种有时间观念的特质。

3　用丝巾增添细节感

身穿套装最怕单一无趣，一条亮色系的丝巾就能点亮整个造型。你可以将丝巾随意打个结围在脖子上，立马增添一份优雅和甜美。

还可以将丝巾绑在包包上，让包包也跟着你凹造型，完美的 OL 就应该不放过任何一个细节。

4　大包袋美丽实用两不误

上班族每天携带的东西可不少，一个大容量的包包很有必要。重要的文件、化妆品都能装进去，有足够空间的包包不仅能为上班族减少烦恼，还能让丢三落四的概率直线下降。

五、给西装穿搭玩一次趣味重组

工作中难免要出席一些正式场合，通勤干练的西装必须人手必备。

如果不想被误会是“卖保险”的，万万不可千篇一律。

不如穿得有趣点，玩一次西装穿搭的趣味重组！

西装“乱”穿的时尚

正儿八经的工作场合，需要注入一些新鲜个性的血液才不会这么“刻板”。所有人都在假装“乖巧”，和别人不太一样才能脱颖而出，不如来一次不走寻常路的西装混搭来彰显个性，说不定老板找的就是那个不一样的人！

1 | 2
3

1 西装与皮衣夹克不矛盾

对上班族来说，工作能力要大于天。这种能力也应该施展在穿衣上，正经的西装看似与个性不羁的皮夹克格格不入？要的就是这种风格碰撞，还能完美融合的感觉，能把两样不可能的东西交融，这也是一种超强的穿衣表达能力。

2 替换掉西装一步裙

一步裙是许多职业裙装里的标配，但是一步裙实在是太过于拘谨老套。要知道上班族在职场里可是风风火火，和时间赛跑的人。穿着一步裙走什么小碎步？解放天性的百褶短裙和 A 字短裙才能让你在职场里“大干一场”！如果想要增添 OL 的气质，搭配一双高跟鞋就能搞定，当然，粗高跟是更聪明的选择！

3 西装 + 长裙下了班就能约会

谁说中性的西装和柔美的长裙就不能穿在一起？这种让人意想不到的绝配成为办公室日常穿搭完全没毛病！对许多 OL 来说，上班和生活交融在一起，下了班忙着要赴约，哪有时间再回家梳妆打扮？不如穿上西装 + 长裙的搭配，下班后脱掉西装，完美赴约。

4 5
6

4 混搭高领毛衣和谐有型

拘谨、单调、呆板同样是高领毛衣的标签，但西装 + 高领毛衣能打破这些观念，还能体现沉稳感，举手投足腔调满满，出席职场中的会议、会谈等场合也完全不失风度，搭配小白鞋不失时髦感。

5 快速转换风格的小物件

“懒癌”真的是大多数上班族的“职业病”，不管你是懒得洗头还是懒得梳头，帽子绝对是最懂你的单品，顺便还能凹个造型。帽子的选择一定要避免棒球帽，小礼帽才是西装的最佳拍档。再在腰间加一条腰带，能让你的西装风秒变英伦风，顺便还能修个身。总之，一件配饰单品分分钟能为你带来不同气质。

6 Big size 配饰亮眼吸睛

没有哪个女人不喜欢 Blingbling 的东西，闪闪发亮时尚才能到位，不如就用亮面配饰打破西装的沉闷感。设计夸张的手环、粗链条的手表、大镜框的墨镜都可以让你成功吸睛！这些细节设计让同事们认为你就是一个有品的人，把事交给你完全可以放心。

西装重组的Funny清单

有趣的人怎么都能招人喜欢，有趣的性格需要长期积累，但是有趣的西装重组却是一件单品就能搞定的事！

1 2 | 3
4 5 |
6 | 7
8 | 9

1　高领衫

黑白灰色调，极简怎么搭都是对的。

2　黑色半裙

A字裙和百褶裙的融合，选择不是难题。

3　波点长裙

飘逸长裙，可爱波点，却没有违和感。

4　几何形状墨镜

线条利落的几何图案放在身上任何地方都是趣味。

5　白球鞋

小白鞋百搭，下了班就能直接去约会。

6　费多拉帽

毛呢大衣的经典好搭档，帅气提升必备。

7　铆钉水桶包

包包也是配饰，是个性时尚的焦点。

8　亮面圆环手镯

够闪亮才有趣，三角图案不羁又个性。

9　棕色腰带

显高显瘦显气场只是一根带子的事。

六、透明新人借助廓形单品提升职场存在感

职场新人这样的敏感身份怎么穿才最好？

职业套装？太俗套！鲜艳混搭？太 Over！简单穿搭？太随意！

廓形单品才是加分项，用你的衣品来刷刷存在感，初入职场第一步就要拒绝做“小透明”，提升存在感，才有顺流而上的机会。

廓形单品排列，你的衣橱里有吗？

廓形单品通常都是在“设计”上下功夫，虽然在色彩和元素上没有什么新鲜的，但廓形单品能让你在办公室里成功吸睛，不会太抢眼，但也不会被埋没，让你在职场里有了“小荷才露尖尖角”的机会。你以为廓形单品就只是oversize的代名词？人家可是有九个分身，你的衣橱里该换装备了。

1　系带大衣

提升你自信气场的绝佳单品，大胆一点才能在办公室里有一席之地。

2　直筒大衣

中规中矩，懂得把握住“刚刚好”的尺度，给人感觉办事肯定也是如此。

3　茧型外套

包容性强大，藏肉妥妥的，将自己的身材缺陷藏起来，展现的都是自己的优点！

4　喇叭袖

挥一挥衣袖，两袖生风，办事利落。

5　蝙蝠袖

上半身臃肿？穿它不是问题，让女同事有接近你的机会，对你说：“你好瘦哦。”

6　灯笼袖

呈现“宫廷风”，自带小公举的风格，温文尔雅的人好像不那么容易被拒绝。

7　毛呢斗篷

走路步步生风，穿上一双高跟鞋，实力演绎“我不是实习生”。

8　阔腿裤

轻松随性，毫无压力，没那么拘束，更容易融入办公室的氛围。

9　喇叭裤

显高又显瘦的利器非它不可，从此你在办公室的新绰号就叫“大长腿”。

1	2	3
4	5	6
7	8	9

廓形单品种类这么多，你要怎么认?

廓形单品也是可排列组合，不同的体形要穿配不一样的廓形单品，才能在职场里展现气质、信心、身材，这些好形象让同事们分分钟记住你。

1 | 2 | 3 | 4

廓形四大分类

1 适合身形：正常体形

O 形：也叫茧型，宽松、线条模棱两可的剪裁是标志。

2 适合身形：微胖、腿粗、有肚子等

H 形：直线条，从肩部到腰到臀呈现一条直线。

3 适合身形：瘦高身材

X 形：上下两头宽，腰部收拢的设计。

4 适合身形：一般身材

A 形：上紧下宽，宽大的下摆是特征。

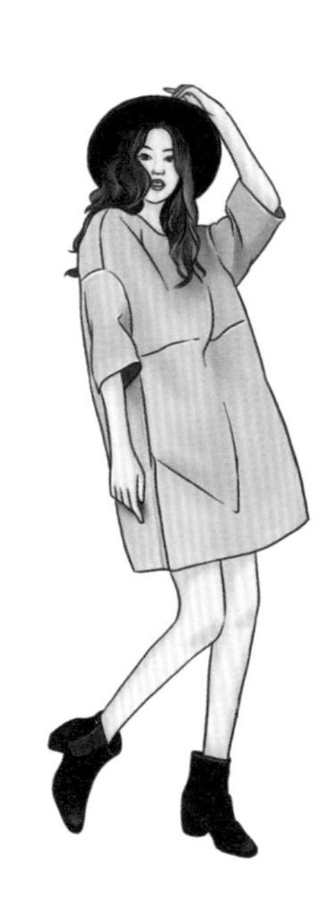

O 形

搭配最大的特点就是宽松。视觉上整个人的体积都在上部分，腿部非常干脆利落。

Tips：

(1) O 形搭配技巧谨记“上宽下紧”，腿上要么紧身裤或连裤袜，要么光腿。

(2) 苹果型身材、草莓型身材，或是腰间有肉的身材，那么非常适合 O 形搭配。

(3) 腿部较为壮实的，最好不要选择 O 形搭配。O 形搭配本意是让充满体积感的上半身衬托腿部的修长和纤细。

H 形

以肩部为受力点，垂坠的直线条，让腰部、胯部看起来和肩部等宽。具有利落流畅的线条感，视觉上会显高显瘦。

Tips：

(1) H 形的外套在版型、裁剪要讲究，肩袖之间拼接要处理好，否则容易显壮。

(2) 一体式的 H 形服装都有显高作用，如直筒大衣、合身的直筒裙、背带裤，背带长裤比背带短裤更显高。

(3) H 形着装，只需系上一条腰带，廓形就会向 X 形转变。

X 形

型如字形，就是肩部和胯部宽，腰部收紧，打造出标准沙漏型身材。

Tips：

(1) X 形大衣在尺码合身、保持腿部简洁的搭配下，是显高显瘦的，矮个子和较胖的身材也可以驾驭。

(2) 草莓型身材的肩部宽，通过 X 形搭配增加胯部的宽度，反衬出腰部纤细，肩部宽大也会被忽略。

(3) H 形身材则可以利用 X 形搭配同时增加肩部和胯部宽度，显出纤细腰身，突显曲线美。

A 形

肩部适体，腰部不收，下摆扩大，下装则是收紧腰部，下摆增大，获得上窄下宽的视觉。

Tips：

(1) A形搭配与高腰线并存，显高挑，是调整身材比例最便捷的方法。

(2) 一件 A 形上衣与一条 A 字半裙，不要束腰，也是很好的 A 形廓形搭配。

(3) A 形的大衣和连衣裙，不仅能显肩膀窄，还有减龄的效果。

七、像达人一样诠释衬衫

衬衫之于职场，如同空气之于人类，是绝不可缺少的存在！

衬衫无论怎么搭配都能轻松应对各种场合，搭配裙装不失气质，搭配裤装出席正式场合不成问题。

但是，衬衫怎么穿才能与时尚挂钩？新人才穿得规规整整，老员工应该要像达人一样去诠释它。

衬衫太普通，可是穿衣经不普通

作为基础款的衬衫，可塑性相当之高，你会怎么穿呢？学会下面这些时髦的穿衣法，再普通的衬衫都能让你时髦得没朋友！在职场可不能只有IQ，“衣Q”也是个好东西。

1 丝毫不给衣角露面的机会

衬衫穿得好，上班没烦恼，衣角扎得好，穿衣没烦恼！这个速成口诀就是万能公式，衬衫的衣角扎进裤子里，是对“精气神”最基本的尊重，否则看上去有点邋里邋遢，注意一定不能扎得太平整，“乱”一点才时髦。

2 懒出新高度：衣角只塞一半

“特立独行”褒贬不一，但也是一种能力上的突显，穿衣也是如此，人人都在塞衣角，你可以做特别的那一个——塞一半衣角！将衬衫前摆束进裤子，后摆随意搭在身后，营造随意感。或是衬衫左右两边挑半边塞进下装，另一半露在外边。

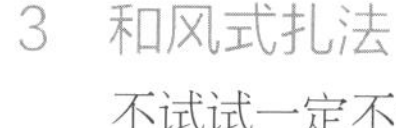

3 和风式扎法

不试试一定不知道衬衫还有这么多种穿法，一件衬衫怎么穿成和服风？操作很简单，解开全部扣子，像围浴巾一样，将衬衫左右交叉裹住身体，再把下摆全部束进下装就搞定啦！担心走光的话，在里面穿个贴身的内搭也是极好看的。

1
2 | 3

4　也可以低调地打个底

衬衫的实用性不必多说，一年四季都能派上用场，不仅单穿有范，在秋冬当个内搭也很棒！与各种外套、背带裤、针织背心，甚至抹胸裙都能搭出各种风格，注意给大衣外套做打底时，衬衫不是最里层的内搭就不要全部扣上扣子。

5　一件不够？那来两件

在职场里，你一定没见过两件衬衫叠穿的人，这样穿才能打破常规，让同事们看看什么才是“老江湖”！比如：两件材质不同的衬衫，丝绸质感在里层，棉麻面料在外层；款式上修身款做内搭，宽松款是外套；解开纽扣也有讲究，外层比里层多解开一到两颗纽扣为宜，既有层次感，又不至于松垮。

6　打个结吧

对于职业女性来说把衣角塞进下装有一定的困扰，坐着和起身这个动作来回反复，很容易让塞好的衣角乱起来，每次起身都要重新整理，太麻烦！不如给衣角打个结马变成 Crop top 款，腰线上升好几厘米！想要不一样的视觉不如试试向内打结，打结也是个性。

4
5 | 6

7　锁骨那么美就炫出来吧

一字肩也是职场里出现最多的单品，它能展现甜美优雅的气质。不用重新购买，一件衬衫就能做到。解开衬衫上半部分扣子，使领口位置适合肩部宽度，余留一些位置保证松紧适度，在衬衫下摆打个结，配上高腰裙或高腰裤，衬衫在你身上就可以改名为“万能衫”了！

8　也给美背一个展露的机会

职业女性不能总是这么保守，前边不能露，露后背不会惹得女同事讨厌。一件露背衬衫，好看之外露得高级又性感，有小立领的衬衫不妨将其反穿，系上领口的第一颗扣子就轻松搞定。但要注意这个方法适合领口稍微宽一些、材质比较柔软的衬衫。

9　衬衫还能当半身裙穿

衬衫只是件衣服，达人们还有办法把它穿成半身裙！从上向下解开衬衫纽扣，让领口宽度适配到腰部的宽度，将衬衫两条袖子在腰间打结就好了，这样别具一格的穿搭法出现在办公室里，会让人有耳目一新的感觉，男同事们青睐，女同事们佩服。

八、闯荡职场少不了走路带风的时髦裤装

裙装虽然能突显女人味，但是闯荡职场要的就是能把自己当成“女汉子”一样，兵来将挡水来土掩，利落洒脱，勇往直前！

赋予裤装仪式感，它才能让你无所顾忌地闯荡职场，把连衣裙和半身裙收起来，是时候展现裤装的能力了！

职场里就是要这么“裤”

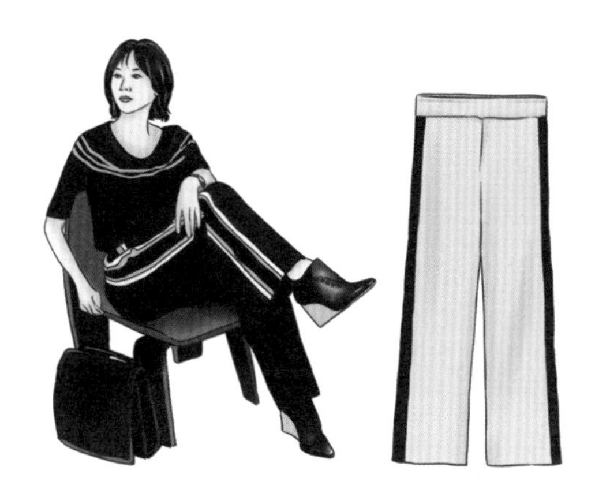

1　舒适简约才没有束缚

裙装总会有走光的担心，但裤装不会，舒适宽松的长裤也不只是运动专属。

风靡全球的运动风最契合职场的气场！侧面的条纹是运动风的标志，宽松裤型和舒适腰头令久坐办公室的女性得到舒展，不妨配上一件经典西装外套、一双运动鞋，办公舒适，办事效率才能蹭蹭上升。

在一定程度上，上班族还是会因为自己的职业惯性选择一些实用的东西，比如经典单品——牛仔裤，因为它百搭。经典裤装要来点不一样才能变得时髦，比如不羁放纵就爱破洞元素，个性有型，要是能在裤腿再卷个边，那就是高段位的穿法了。

在面料的选择上，雪纺也是不错之选，雪纺裤装轻盈飘逸的材质，没有闷热感，能让上班族消除坏的工作情绪！雪纺裤最好选择还是阔腿款式，时髦度不减，又宽松舒适。或者选择裤腿有抽带设计的款式，直筒或者灯笼裤两种款式任意切换，就是一根带子的事！

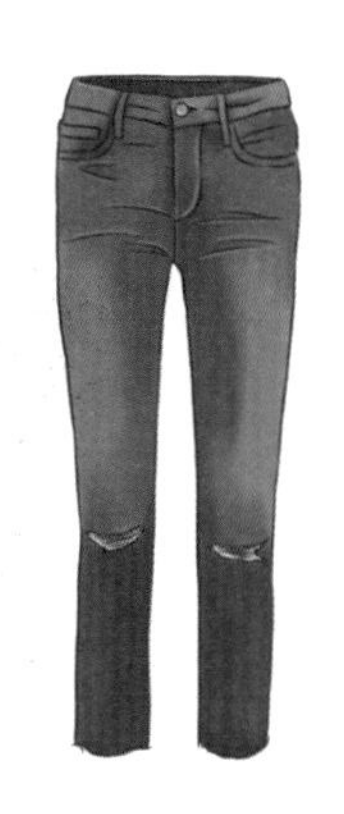

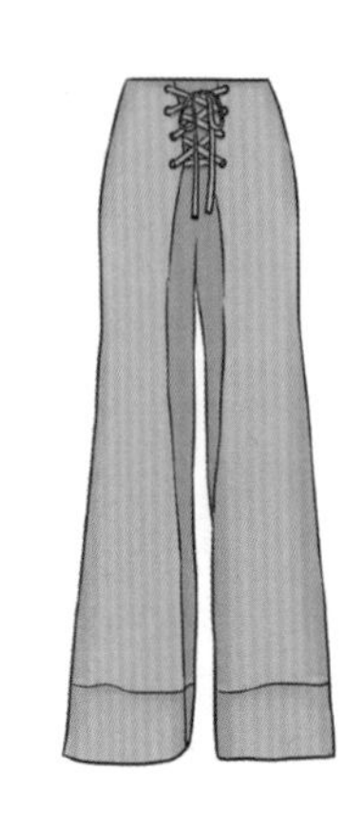

2　清爽率性 Hold 住气场

通勤风简约清爽，裤装的加入，增加了一点率性。

忙着工作的人没有多余的时间花费在挑选穿衣上？那么阔腿裤就是最省事的单品，它既有气场，又舒适，走路带风，怎么穿感觉都不会出错。在阔腿裤的选择上尽量要在九分，低于九分气势不够，高于九分，很难驾驭！

哈伦裤一直不退潮流，它也算是称霸职场的穿搭。职业女性选择此款式，重点也还是它足够清爽又简约，多采用涤丝面料透气性好，毕竟一天坐在办公桌前，舒适的穿搭不知道带来了多少安慰。上身切莫搭配宽松上衣，搭配短款或者紧身上衣才有大于 2 的效果。

时尚圈就是风水轮流转，每年都有可能转到喇叭裤这里。喇叭裤也一直都是在职业女性的红名单里，顺滑的线条感完美修饰腿型，为其搭配衬衫、精致 T 恤或是高领毛衣都能搭出摩登范儿。

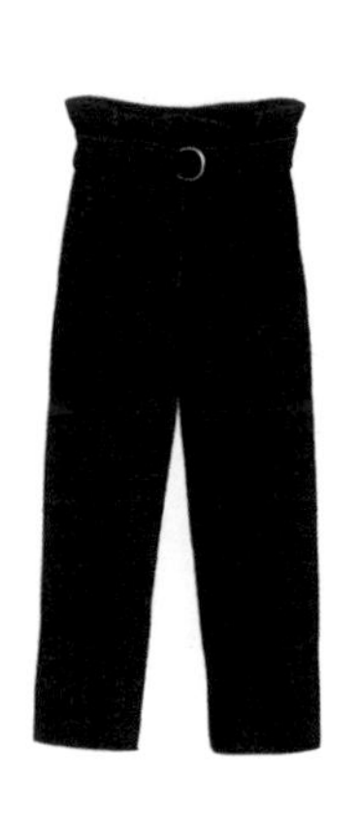
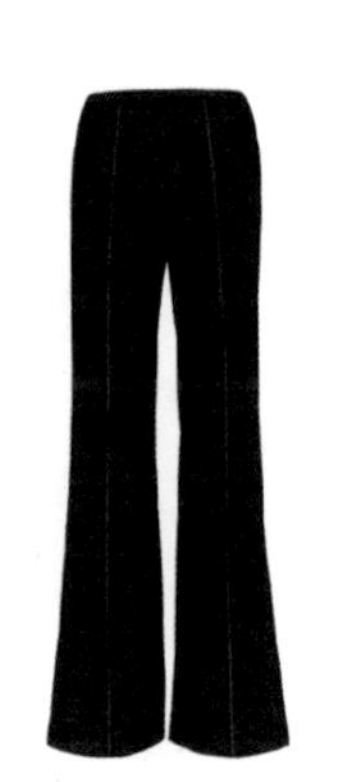

3　干练利落毫不拖沓

经典剪裁的裤装对于塑造腿型有很大效果，随便一穿，想出错都难。

混迹穿衣门道那么多年，可别还是烟管裤和哈伦裤傻傻分不清楚，烟管裤不同于哈伦裤，裤管更为纤细，是“胖小腿”星人的福音。流线佳的裤型设计不需要更多装饰点缀，搭配廓形宽松的衬衫和高跟鞋，干净利落职场范五颗星。

通勤装扮是上班族最爱没有之一。直筒裤也是她们最爱的单品没有之一。九分裤露出脚踝，才能彰显大长腿的优势，垂顺面料制成更有质感。简洁线条的设计，搭配平底单鞋或运动鞋完全 Hold 住，中性范儿十足，女强人在气势上也丝毫不输男性。

秋冬季节里，紧身裤必须是人手一条，它是搭配大衣外套的必备单品，还有瘦腿功能。走进办公室，下半身都是清一色的黑色紧身裤，敢不敢让男同事进来发现一个不一样的？这个重任交给你吧！抛掉纯色的单调和土气，暗纹设计或是格纹图案更能修饰出纤长的双腿线条，搭配单色毛衣与平底鞋利落风格尽显！

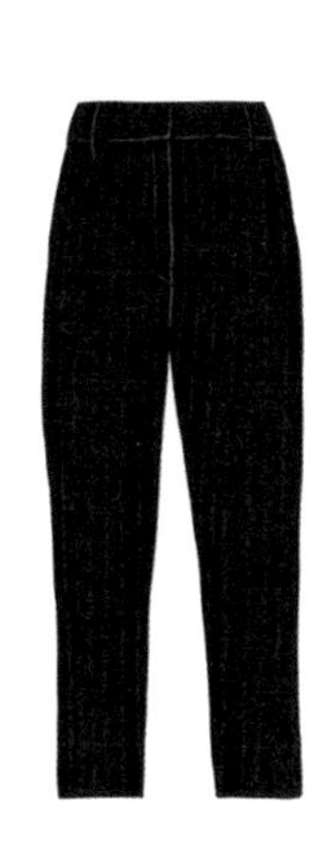

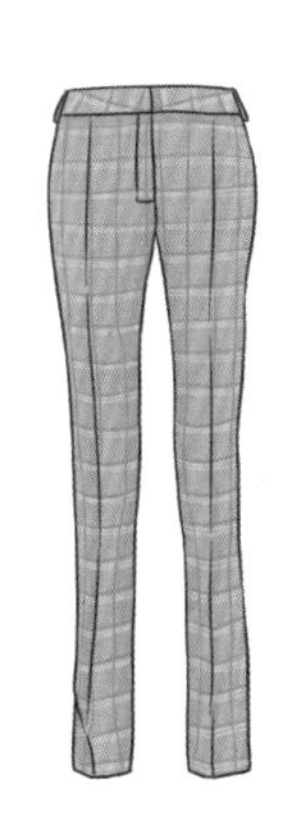

第2章

社交穿着篇

衣品决定人缘，这并不夸张

一、轻商务，因公社交这样穿最有风度
二、下班后稍加修饰便可无缝链接休闲聚餐、party的职场着装
三、职场新人请管好你的性感
四、没有珠宝？这样选服装不用配饰也饱满
五、这些场合，穿得中性一些更有品
六、社交露肤管理学，游刃有余裸露有道
七、职场新人必知：这些单品请送去粉碎
八、职场中不成文的高跟鞋秘密

一、轻商务，因公社交这样穿最有风度

上班族和时尚就没有联系吗？当然有！把那些传统的职业套装赶紧收起，商务也要有风度。

轻商务，将传统束缚瓦解，释放时髦品味与眼光，这才是“商务穿搭”的正确打开方式！

传统职业装都是过去式，职场里也不再那么严格要求，穿轻商务一点，只要不太出格，时髦个性不但刷了存在感，也让你在公司更招人喜欢。

别再土气

圆脸脸形看起来比较可爱、显孩子气，这样会有减龄的效果。选择短发发型时如果剪不好很容易造成与年龄不符的幼稚感，或者是把圆圆的肉脸完全显露，所以可以选择比较成熟点的短发造型，例如中短发、Lob 头。注意不能剪过耳短发，缺少了修饰轮廓的头发只会让脸形看起来更圆润。

释放个性与品位

在这个以社交为主的快节奏时代，一身黑白传统职业装首先就疏远了想要和你谈判的人，应该减轻自身负担，释放个性与品位，让你的客户主动来和你交谈。

答应我，再时髦一点

无论你是职场新人还是“老司机”，穿衣法则都各有门道，什么年龄，什么地位就该做什么样的事，穿什么样的衣服，这可是职场生存法则！

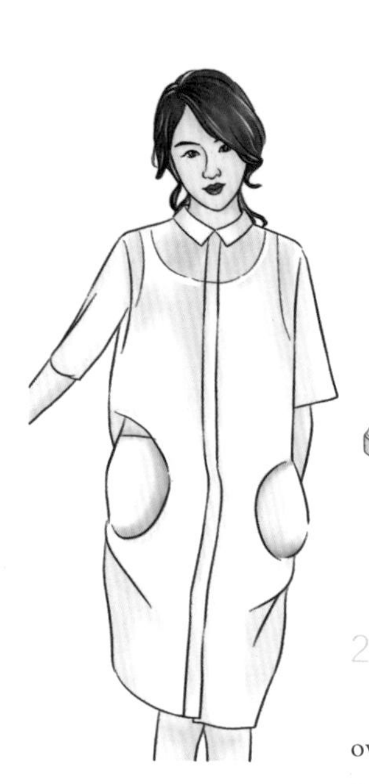

20+ 入职新人：简约就是力量

职场如此敏感的地方，不能太over，否则容易成为眼中刺！白色oversize的衬衫裙最适合青春活力的职场“小白”，搭配印花小白鞋更有青春范，从穿衣上就优先学会了凡事都要拿捏得当这样的技能！

20+ 转正新人：可爱过渡到轻熟风

黑白配，既不会产生审美疲劳也不会出错！带有白色荷叶边的衬衫乖巧可爱，太可爱容易被人说“装可爱”，不如再搭配一条极具设计感的黑色背带裙或者阔腿裤来稍稍平衡，这种轻熟风也能出入正式的商务场合。

30+ 职场女精英：优雅才是主旋律

白衬衫与黑色高腰短裤的搭配一定是一个万能公式，若不想沦为办公室里的“路人甲”，可以在领口花点心思！选择一条时髦的丝巾作为点缀，既有格调又十分摩登，立马让你的优雅等级直线上升。

30+ 职场“老炮儿”：轻松自若也是种气质

职场“老炮儿”在穿搭上更不能随意，无论在工作还是穿搭上都应是新人的学习榜样！想要把衬衫穿出色，选择极具细节感的衬衫单品才是王道，比如袖口可以有点不一样：喇叭或者绑带设计，还有点女人味儿。下身搭配一条高腰米色的通勤短裤超显气质，如果这还不够，再来条亮色腰带，似乎更专业了些。

二、下班后稍加修饰便可无缝链接
休闲聚餐、party 的职场着装

工作时间占据了生活的三分之一，下班后的时间更是弥足珍贵。

穿搭能上班、下班无缝链接，是聪明女性的职场穿搭做法。

职场社交双把握，上班下班不用愁。

职业和休闲可以同时兼具

如何在职业专业和休闲愉快的个人气质之间保持平衡？以下穿着雷区要避免！

1 | 2 | 3

1　这种除了白衬衫之外，长袖长裤从头“黑”到脚的职场穿搭可谓是老派中的老派，必须承认，在工作中这是简洁干练的，但是下班后以这样的形象赴约，请问是上班还没签够“保险单”吗？

2　一些过于“我行我素”的穿搭法，要给一个大大的 No！颜色鲜艳、浮夸至极的搭配在办公室里，看在同事的分上，勉强忍一忍。上了街，回头率可能赚了不少，但那是“奇葩”的回头率。

3　带有明显职业标签的职场着装是完全不适合工作后赴约的。例如空乘服、银行柜员服、执勤工作服等，这些衣服恐怕只能选择在赴约前将其换掉，下了班，请尽情地摘掉标签，放下工作，洒脱起来。

头部装饰

避免了雷区，只要你穿得不出格，下班前只需 5 分钟稍加修饰，实现“上班开会，下班约会”的无缝转换，就是 so easy 的事！

1　来一顶改变风格的帽子！

通常坐在办公室内，戴帽子容易被说闲话，没办法，办公室的礼仪就是这么的敏感。下班后无论你穿着休闲装还是正式装，一顶帽子就能改变你的风格。

贝雷帽：

一顶贝雷帽可以戴出风情万种的法式风情，即使下班后的约会很正式，也完全 Hold 得住。精致不失优雅，上班下班完全两个风格。

平檐帽：

平檐帽的搭配无论是裙装还是裤装都能轻松应对，属于凹造型必备。帽檐越大越遮脸，修饰脸形这种好处有哪个女生不喜欢？

2　用耳坠施展个性

许多职场女性还是以最“低调”的状态存在于办公室，耳环会尽量选择耳钉，不抢眼又精致，下了班就是你施展个性的时候，那些平常不敢戴的耳坠尽情出示吧。

单戴耳环：

时髦的秘密就是要和别人不一样。下班前把耳钉摘掉，换上一只 Oversize 且极具设计感的耳坠，单带出街，整个造型都是时髦得飞起。

不对称耳环：

循规蹈矩是职场里的法则，下了班可以尽情“撒泼”！可选择不对称的耳饰，两边是不一样的形状、长度、材质、颜色……你可以拿两对不一样款式的耳环混搭起来。

3 镜框就是时髦的象征

在办公室里规规矩矩，即使是近视也只能选一些黑色镜框、金属小框，明明是一个年轻人，却硬生生让自己看起来如此“老派”，在你办公桌上放上一副个性镜框，下了班一换便是。

金属大镜框：

金属镜框的装饰性大于实用性，复古利落的线条，更是街拍时髦清单里的必备“角色”。换掉你的黑色镜框，让你走出办公室，就是时髦玩味的“佼佼者”。

有色镜片：

在职场里当然不能戴上“有色镜片”对待人，虽无他意也很容易被一些人“曲解”。下了班后已是夜晚，黑色墨镜过于装腔作势，有色墨镜就刚刚好能让你成为最抢眼的那一个。

颈部装饰

1 Choker 大法好

Choker 风席卷了全球时尚，坐在办公室的你也跃跃欲试？没关系！在你的包包里备上几条不同风格的 Choker，一分钟快速变装出门，也是妥妥的。

素色 Choker：

作为 Choker 的入门款，不张扬又够时髦，拯救了空空如也的脖子间隙。对于长脖子的女生来说，戴上它还有修饰脖子的效果。

吊坠 Choker：

素圈太过简约，想要搭配裙装可以选择带有吊坠的 Choker，无论你去的是什么派对，基本不踩雷，这可比项链安全且时髦多了。

2　用丝巾在脖子间“加料”

一条丝巾的用处就更大了，它是职业女性最好的搭档，装饰在各个部位都能完美控场！绑在脖子上则是最保守也是最日常的方式了。

Choker 式绑法：

没有 Choker，聪明的人有的是办法来实现它！将丝巾绑在脖子间，不用留出丝巾的头尾，布艺式的 Choker 就已成功打造！

蝴蝶结式绑法：

绑成蝴蝶式，搭配裙子更优雅，更甜美。一条丝巾完美改变了你的造型风格，让女同事都看花了眼。

1 请叫它最强腰带

休闲宽松的款式绝对是职业女性的首选，毕竟面对八个小时的工作时间，舒适度才最重要！下了班这样的装束又太休闲，就来看看一根腰带的“巴啦啦魔力”吧。

细腰带：

宽度较窄的腰带更适合做装饰，它可以根据你的要求系出不同的花样，别在腰间，小腰身立马有了，时尚感也立马来了。

粗腰带：

人们常说“腰带有多粗，腰就有多细”，并不是没有道理！腰带越粗，修身的效果越明显，干净整洁的仪态，这是赴约的完美状态！

2 腰包实用又时髦

腰包绝对是时尚界的“黑马”，装饰、装物两不误。佩戴在腰间，会有调整“腰线”的神奇作用，修身这件事它做得也不赖。

斜跨佩戴：

下了班去一些休闲娱乐的场合，腰包也能斜跨在肩上，帅气十足，为穿裤装、套装、西装的你，增添一剂最强的“帅气”。

三、职场新人请管好你的性感

对职场新人来说，在职场玩性感就等于自毁前程！

着装自由化并不代表就能无视礼仪与职场场合，请收起你的性感，选择适合自己的穿衣风格，“衣Q”是个好东西，希望你有。

衣着性感，别踩雷区

想要在职场上如鱼得水，在着装这方面一定要做到面面俱到。职场装最禁忌的一点就是衣着性感，若是一不小心踩到禁区，成为眼中钉，你就很难有出头的机会。

✔ 修身衬衣连衣裙

不是说职场就一定要完全束缚自己，看着舒适才是最好的选择。身材可以展现，不过要有度！修身的衬衫连衣裙，加上绑带设计，突出腰身。

✕ 贴身深V连衣裙

要知道女同事的眼光是这个世界上最可怕的东西，如果身材傲人，也不要故意在职场上“宣战”！贴身深V连衣裙浓浓的“夜店风”，不合场面也不合规矩。

这些性感单品雷区，踩中只能出局

穿衣绝对是职场里的“无形战争”，虽然没拿到门面上比，私底下的较量却很激烈！穿衣性感就是员工们的共同敌人，避开这些性感单品，可别在办公室里落着一个“狐狸精”的头衔！

× 低领衣 or 包臀裙

在工作中难免会有社交场合，举手投足间都会无意间暴露某些部位，这是十分不自爱的体现；包臀裙的紧致感也会让你在公司的印象大打折扣，不如把展现身材的心思全花在展现工作能力上吧。

× 黑丝裤袜

黑色丝袜是职场着装禁品 No.1，作为职场新人，不要看到电影里的 OL 这么穿就傻乎乎地学人家，黑色丝袜只会让你给人一种低俗的印象，low，太 low 了！

× 透明衬衣 or 露背装

虽然现在公司的氛围轻松，但是工作场合还是一个严肃的地方。轻薄透明的衣物虽然清凉，但是若隐若现的 bra 会让同事不自在，让老板很尴尬！

× 紧身衬衫 or 超短裙

太紧身的衬衫在活动的时候，胸口扣子的缝隙在侧面容易暴露 bra 甚至是胸部。裙子长度一定不能太短，容易干扰男同事的视线。

TPO原则，即着装要考虑到的Time（时间）、Place（地点）和Occasion（场合），对职场新人来说，这个法则可要记好。

无袖衫虽然不是职场装的禁品，但是也有选择的小窍门：衣领的开口高低、袖口的宽度是需要注意到的地方，领口过低袖口过宽都容易暴露 bra。选择一些能够修饰袖口的无袖衫，荷叶边袖口可以起到遮挡的作用，看着也很清秀。

牛仔裤虽然是必备单品，但在职场里，选不好也有出错的时候。大面积破洞牛仔裤款式看着轻浮又邋遢，应该选择铅笔裤或者小破洞款式的牛仔裤，搭配衬衣轻松活力，也能展现职场新人的个性与年轻。

张弛有度，性感不如打造个性

不性感不代表一定要墨守成规，打造个性比秀出性感更重要！抛开那些古板的职业装，彰显职场新人的新鲜活力，你可能需要这样穿。

亮色的职业装更适合新职员，能小小地刷一下存在感，更快融入集体。普通不抢眼的 T 恤作为内搭，搭配一件帅气的夹克和高腰长裤，既不张扬，也能突出个性。

宽松合身的白衬衣与高腰长裤的搭配无论是职场新人还是职场精英，都能匹配。这样的搭配干练且显精神，高腰裤也能起到提拉身材的视觉效果。

衬衫连衣裙大方省事，裙子的长度不宜太短，到膝盖处则刚好。搭配白色的低跟便鞋，清新恬静的形象更增好人缘，再配上红色的斜挎包，亮色的配件瞬间点燃你的热情。

背带裙最显年轻活力，内搭白色的衬衫或 T 恤，满满的元气感给职场注入了新鲜活力。选择背带裙时也要注意款式，不能太紧身包臀，休闲宽松的款式最有青春年轻的气息。

四、没有珠宝？这样选服装不用配饰也饱满

不戴珠宝的女人，就没有未来？被这句话洗脑的人才没有未来。

许多职业女性并不喜欢带珠宝，毕竟它贵，在工作中忙得像个“女战士”，很有可能耳环掉了一只，项链不小心被扯断，这种亏吃不起！

不如在服装款式上下功夫，增加细节感，没有配饰照样饱满！

颈部细节

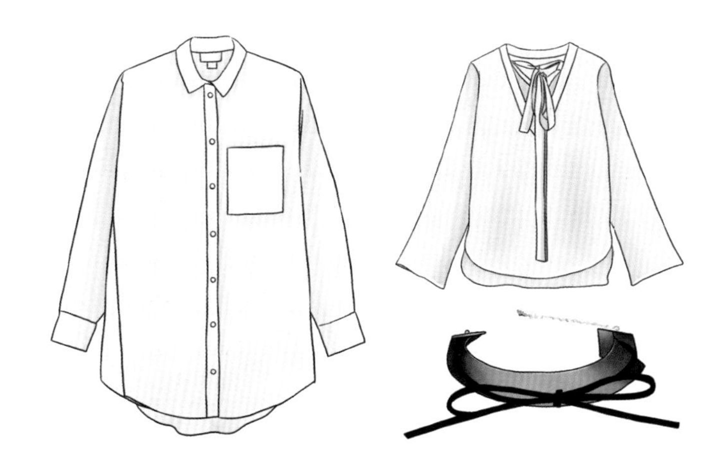

无论选择的是圆领还是 V 领，脖子总是觉得很空。特别是对脖子稍长的女性来说，没有任何配饰的情况下，长脖子真的容易让人觉得不 OK。

打破上班的单调从领口开始，将领口改造成蝴蝶结的样式，无须再增加项链等配饰来修饰颈部，一个蝴蝶结就能轻松摆脱脖子空落落的局面。

胸部细节

胸口处空荡荡也一样毫无亮点，通常可以选择使用胸针或者是坠饰为胸口处增色，不过这依旧没什么作用，不如增加点色彩打破单调。

在胸部增加印花细节，打造出小清新艺术风格，跳脱古板的职场形象，年轻活力的形象在职场中更有好人缘。

手腕细节

选择手镯之类的配件为手腕处增色也是一个方式，但是双手可是职场中的“劳动工具”，别让它们拖累办事效率，若是不使用配件的话，也可以将毫无亮点的袖口进行时尚处理。

如果你喜爱朴素的风格，却又需要一些特色，手腕处改造成喇叭袖，整体袖口上进行镂空的修饰，这种细节很有高级感，给你一个文件签字，举手投足间都是满满腔调。

腰部细节

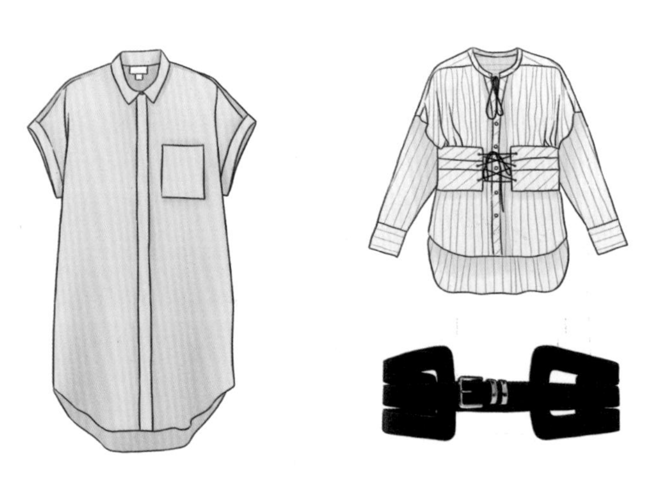

直筒式的衬衫裙很难穿出时尚感，若是搭配不好一不小心就会显得很肥胖。通常会选择腰带来修饰，但假如你本来就是一个争分夺秒的上班族，还要考虑怎么搭配腰带，太麻烦！

衬衣的样式有很多细节可以进行改变，自带腰带能让你自己决定穿衣风格是不是需要腰身，腰带还能系出各种花样，增加亮点。

颈部细节款式改造
打破常规从领口开始

办公室里穿基本款的人这么多，也不缺你一个，转战其他款式吧！在职场中发现新大陆的重任就交给你了。

抛弃圆领、V 领、衬衫领这些单调的领口，不如选择领口不对称的单品，再加入一些荷花边的设计，你就是办公室里的时髦担当！

抛弃以往的方领，领口百样才能风格百样！领口改造样式繁多，除了不对称领口外，自带配饰的领口设计也颇具时尚感。与普通方领比起来，不规则领口设计的衬衫还具有修饰肩颈的作用。

胸部细节款式改造
给胸前来朵花

胸前“坦荡荡”是不是会显得毫无时尚感？不戴配饰的话，总会觉得今天上班缺了什么，作为一名现代上班族，没有个人魅力怎么行？

不用配饰也能穿出个性，增添一些蕾丝或褶边等装饰在胸前，不规则设计的褶边让原先空荡的胸口处增加了层次感。

衬衫胸前的褶边设计一般是从领口、肩袖处向下延展，但是也不要选择有太多褶边的单品，视觉效果上会让胸部看起来很宽。这样的风格既可爱又不缺乏女人味，可以单穿也可以内搭。

腰部细节款式改造
秀出职场时尚感

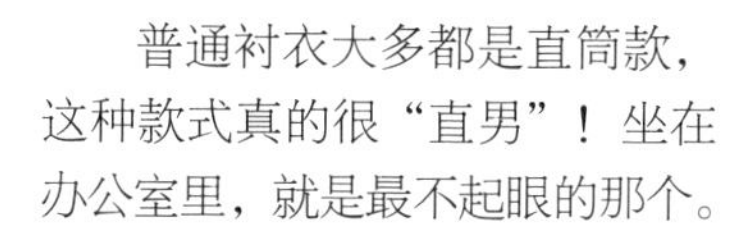

普通衬衣大多都是直筒款，这种款式真的很“直男”！坐在办公室里，就是最不起眼的那个。

腰身对女生来说真的很重要！要么宽松，要么修身，在腰间加入绑带的设计，想怎么绑，就怎么绑，还愁没有个性吗？

自带腰带的收腰式衬衣除了能自然凸显腰线之外，蝴蝶结设计的腰封比起配饰更巧妙！搭配半身裙或是长裤都可以，可爱活力风和轻熟小女人风都能是你，这比起直筒型的衬衣，时髦度可不止一点点。

五、这些场合，穿得中性一些更有品位

职场上无性别之分，女性不仅工作能力要强，穿得中性一点也能弱化女性特征，“女强人”的气场一定不能输。

要知道在这些场合中，中性穿搭可以撑起一个女精英的体面！

中性风穿搭元素

1 颜色——只穿纯色系

黑白灰这三种颜色绝对是最有人气的选手，也是不容易踩雷，显高级的颜色，而纯色的套装能呈现一种简约又高级的效果，比起那些花里胡哨的职业套装更好驾驭，在职场社交场合你的穿搭就是你的名片，往往以简约就能制胜！

2 搭配——多一点层次

颜色上虽然遵循极简，但我们可以搭配一些极具设计感、细节讲究的内搭，也可以在外面套一件廓形的长款大衣，多一点层次感就不会过于单调。女精英光从穿搭上就能让别人感觉到不一样的气场，这样才能在谈判中更加自信。

3 配饰——不喧宾夺主

中性风就不能搭配配饰？当然可以！记住这些口诀就不会出错：避免花哨 logo、选择低调的颜色、没有浮夸的配饰单品。越是这样的单品，越不会喧宾夺主，这样才能让人一眼看见重点，说实话，女精英凡事就该不拐弯抹角，要“一针见血”。

1 会议场合

在商务会议场合上，性别的界限越来越模糊。穿得中性一点能提高女性在会议桌上的地位，不仅能让女性的谈吐更自信，还能加重女性的话语权，强化职场女精英的干练气场。

2 谈判桌上

谈判桌已经不再是男性的主场，女性也能成为主角。在利益面前，气势不能丢！中性风格的穿着能更好地呈现女性的干练、果断、专业形象，摘掉“女性”“弱者”之类的标签，用你的穿搭来展示你的专业能力。

3 社交场合

职场本身就是一个社交的舞台，一次举止投足间的社交很有可能隐藏着一次重要的商业合作机会。这个时候，一身正式中性的穿着就是你的战袍！彰显品味内涵、阳刚之美，干练利落的气质更有闪光点。

六、社交露肤管理学，游刃有余裸露有道

思维开放，你的穿衣风格也能open一点。其实，你的老板真没你想的这么严格，穿得稍微“露”一点有何不可？

露就要露得高级点，不要露得像“女流氓”，要露就露得像个“女精英”，裸露有道，学学这些露肤管理学！

你要学会这么露

“裸露”真的是一门技术活，彰显着职业女性的“控制能力”，不能太 over 又不能太普通，管理工作也包括管理好自己的穿衣打扮，恰如其分才是正解！想要露得高级又时髦，一件单品就可以做到。

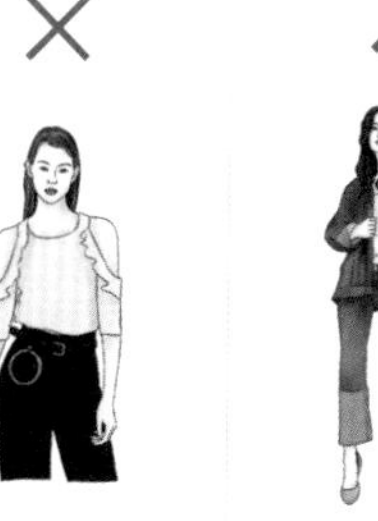

露颈部

露一点点才是“高级性感”！颈部位置的“露”，只需要露出锁骨就很有小 sexy 的感觉，穿得再低容易让男同事分心！如果觉得仅仅露出锁骨不叫“露”，那就转移到小香肩，露肩会比低领更好把握。

露腰部

“炫腹”值得表扬，但是不要大面积炫，小心被女同事嫉妒，被上司警告。露脐装的裸露范围掌握在肚脐上方一点最好，搭配的下装要拒绝低腰裤头，中高腰装才是最佳选择，这样还能在一定程度上优化双腿比例。

露下身

职业保守派估计只敢露双腿，其实稍微露点就能让你时髦起来：身穿短裙可以露出小香肩，减龄甜美。切莫身穿露脐装 + 短裙的搭配，这种不懂是什么风格的穿搭还是不要来公司“丢人现眼”了。

这些露肤单品值得入

T 恤露脐装适合休闲风，搭配裤子或者加个外套都很有街头 chic。

镂空的设计将露肤模糊化，若隐若现的露更高级。

一字肩的 T 恤将裸露部位锁定在肩部与颈部，露得那叫一个刚刚好。

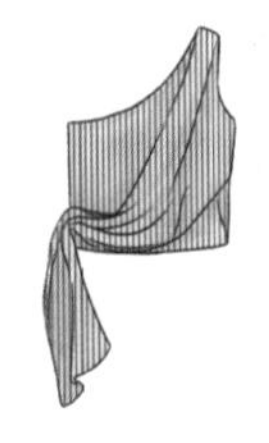

不对称设计的单肩装，也只玩“露一手”，用一手就能单挑时尚。

露脐和露肩组合的单品，将性感化为可爱与优雅。

肩带露肩装是夏日的清凉首选，恰如其分地把握了胸部与颈部的露肤范围。

挂脖连衣裙露出小香肩，清爽又不失气质。

单肩雪纺连衣裙，优雅大方，出席酒会等正式场合完全合适。

不对称设计无袖上衣，肩部增加了不规则荷叶边装饰，适当修饰小赘肉。

七、职场新人必知，这些单品请送去粉碎

利落的行头是职场人斩荆披棘的护甲，累赘的物件只会成为你升职加薪的绊脚石。

混迹职场的拖油瓶，就把它们通通送去粉碎吧！

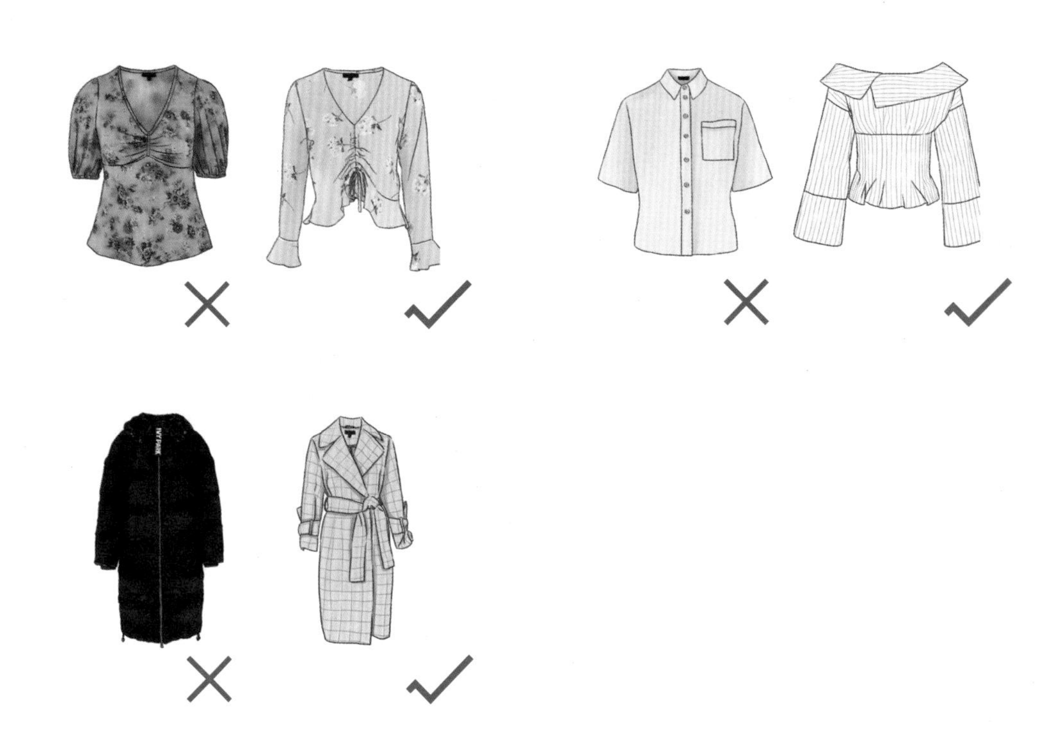

第一件待粉碎单品：艳俗大碎花上衣

你是去上班的年轻女郎，还是去买菜的大妈？喜欢穿碎花不是你的错，但是挑这种鲜艳大碎花款式的单品，就真的是你的错了！它只会让你的气质全失，让你的同事敬而远之。

值得尝试：

丢弃那些让你大打折扣的艳俗大碎花，考虑淡雅小碎花 + 小清新颜色，剪裁更细致的衣型才能让你看上去更温柔亲切，这才是彰显 OL 气质的正确方式。

第二件待粉碎单品：规规矩矩白衬衫

就让规矩刻板的白衬衫停留在面试那一天吧，进入职场就不要再“假正经”了！穿衣风格总是遵循“一板一眼”的规矩，只会让人觉得这个人实在是太没意思了。

值得尝试：

粉碎生硬的衣型，高级一点的方式可以是不那么正经的！挑选不规则剪裁的衬衫，KO 沉闷的款式，用这种小心机的衣着提升你的职场活力。

第三件待粉碎单品：臃肿肥胖羽绒服

穿衣最怕的就是臃肿过度，一件厚实肥胖的羽绒服的确带去了温暖，但也的确让整个人看看起来笨重臃肿，束手束脚且行动不便，工作效率走下线！

值得尝试：

要风度还是要温度这样的问题，对工作女精英来说完全不用担心，一件修身经典的长大衣可以将温度和风度同时抓，时尚值完全在线。

第四件待粉碎单品：浮夸嘻哈棒球帽

帽子绝对是配饰届的“扛把子”，棒球帽营造的街头 chic 不在话下！浮夸且亮色系的棒球帽和职场的气场完全不合，容易让人感觉用力过猛了。

值得尝试：

并不需要每天都是通勤装扮，偶尔穿一次休闲装去上班，可以搭配一顶简单的棒球帽，不管你是不是没洗头，同事们都觉得这样子的装扮很酷。

第五件待粉碎单品：笨重黑框眼镜

眼镜对上班族来说既是一件时尚单品，又能解决近视的需求。但是这取决于你会不会选，灰头土脸加上笨重的黑框眼镜，可以说是对“土”的完美诠释，放弃它吧！

值得尝试：

好看的人都在戴细边镜框眼镜，彰显睿智知性的气质，略带复古风，精致又时尚。细边镜框材质轻盈，让你的鼻梁无压力。

八、职场中不成文的高跟鞋秘密

高跟鞋于女人而言，就是制胜“武器”，更别提整天在职场里叱咤风云的职场女性们了！

穿对一双高跟鞋，增加的不仅仅是高度，更是内心的自信和风度，你在职场里雷厉风行的仪态，全靠它！

穿高跟鞋的好处

穿高跟鞋会对女性的臀、腿、腰部等起到塑形和突出的作用，会使得女性的曲线更加优美，对得起“职场丽人”这个称号！

高跟鞋可以使职场女性散发出成熟的魅力，你在职场中的整体气场都能够得到不小的提升。成熟的女性给人一种做事稳妥的印象，领导最爱这样的人了。

高跟鞋可以增加身高，也可以增加修长身材的美感。一般来说女性的普遍身高是低于男性的，高跟鞋帮你拉长了身高，也帮你增涨工作气势。

爱上高跟鞋的理由

穿上高跟鞋可延伸小腿到脚掌的曲线，能突显出小腿的线条。

穿上高跟鞋能使人挺直腰杆，改变步行姿态，能让穿鞋者有更好的仪态，展现职场自信。

穿上高跟鞋会使穿鞋者显得身材高挑。

穿上高跟鞋会使穿鞋者的腿在视觉上更显修长。

高跟鞋为女性的双脚带来怎样的改变

高跟鞋让女性的脚与地面的接触面积少了许多。前脚掌因为后脚跟的抬高，接触面积也减少了约三分之一。

我们的脚与小腿放松的时候，脚与小腿之间的角度并不是完全呈 90 度，而是稍大。

正常走路的时候，脚掌有足弓的缓冲，可以让脚掌的肌肉不会轻易被拉上，而高跟鞋让脚掌部分失去了这个功能，有些订做的或者较好的高跟鞋上，足弓这方面也会做比较特殊的处理，让脚掌更舒适、安全。

过高的高跟鞋让前面的支撑点变为脚趾，特别是大拇指。因此，接触面积进一步缩减，而且也会迫使脚趾的关节变为弯曲状态。

最理想的高度是 4 ~ 6 厘米

4 ~ 6 厘米的高度是大部分女性比较能接受的，也是最适合的职场高度。上班的时候不宜穿太高跟的高跟鞋，除了行动不方便之外，高跟鞋若是不适合自己的高度，在整体的形象上也会不协调。

经常穿高跟鞋会增加背部的压力，特别容易引起背部酸痛，缓解的方法是换上软一点的鞋垫，减少背部的压力，达到舒缓背部的效果。

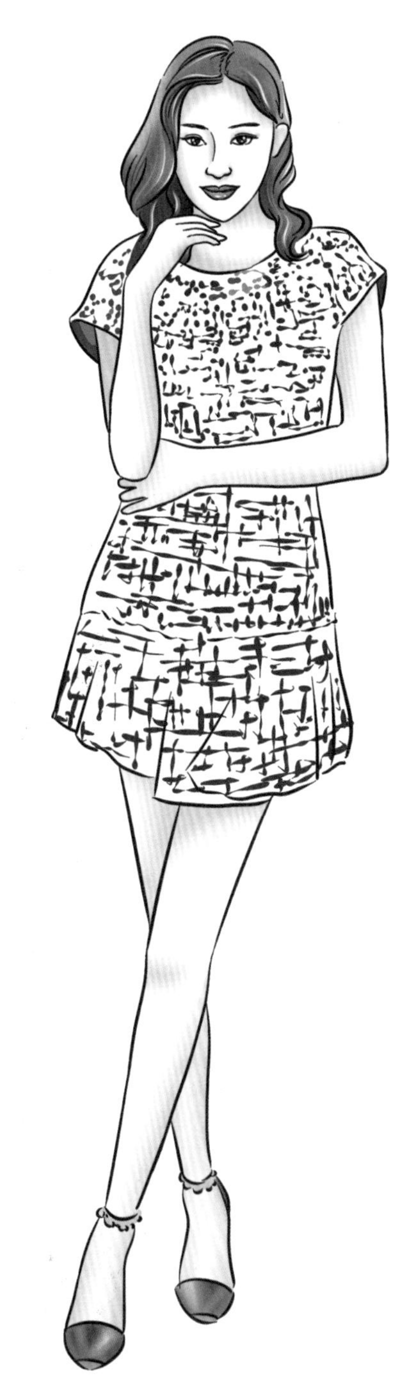

给职场行走的你选最适合的鞋跟

高跟鞋的鞋跟，若根据鞋跟的样式，可分为：细跟、粗跟、方跟（形状接近长方形）、圆跟、楔形跟、虚无跟、变形鞋跟等。选鞋你还需要一双慧眼，打造最适合你的职场形象！

太细的跟不方便工作时的活动。

虚无跟的鞋底上无鞋跟结构的设计，平衡感较弱。

与虚无跟类似，不随大流的鞋跟样式并不能突出你的魅力。

方跟的设计知性，符合职场女性的干练风格。

坡跟穿起来比较舒服，工作起来更轻松。

粗跟的高跟鞋十分流行，穿着不累脚，上班下班都好。

若根据鞋跟的高低可分为：平跟鞋（几乎无跟）、低跟鞋、中跟鞋（跟高为3～5厘米）、高跟鞋、特高跟鞋、坡跟鞋、松糕鞋等。

跟高5～8厘米，是来参加宴会的还是来上班的？

跟高大于8厘米，站都站不稳，更别说工作了。

鞋底太厚，过于随性、休闲，出席正式场合就是个“鸡肋”。

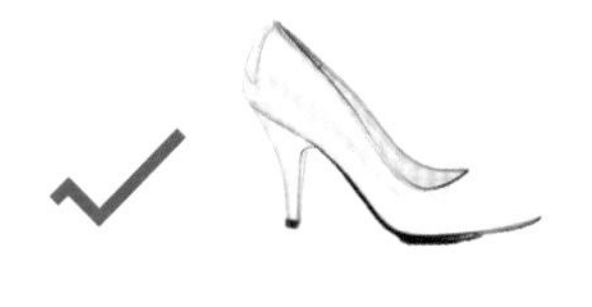

跟高小于3厘米，既方便行动，简约的设计也能突出活力，通勤和出差都合适。

坡跟的好处在于能配合厚底，在有限的局面上无限增高，又比细高跟容易行走。

高挑的女性在职场选择方跟比较合适，也是通勤风的首选。

鞋头上的职场通行令

在高跟鞋的世界里，鞋头款式的选择是关乎你造型的重要方面之一。从鞋头的设计上来说，在市面上较为常见的是圆头、鱼嘴、 露趾、尖头这几款，下面就让我们来了解一下哪些鞋头更适合职场。

圆头高跟鞋

圆头高跟鞋的设计，作为近几年盛行的复古风，其在物理学角度来讲，能使脚趾得到最大的舒服；从外形上来说，鞋头圆圆、滑滑的，洋溢着职场新人的全新活力。日常、职场、通勤或者是商务差旅的场合，选择圆头高跟鞋会让你更动人。

鱼嘴高跟鞋

鱼嘴高跟鞋，多给人一种端庄大气的印象，它也是修长腿部线条的利器。无论是搭配通勤风长裤还是裙子，都十分有型。在出席一些较正式的场合，如商务晚宴或公司聚会，稍微“露一露”的鱼嘴鞋正好派上用场。

露趾高跟鞋

露趾高跟鞋相对于鱼嘴高跟鞋来说，它们的区别就在于露出脚趾的面积，前者较能清爽又平衡出刚好的露肤度。鞋头的设计越简洁，越能彰显品味的独特，基础的露趾版型可以使整双脚的优雅气质剧增，高挑的鞋跟赐予了步伐的自信，出入职场大方自然。

尖头高跟鞋

尖头高跟鞋是经典、精致和性感的代名词，职场女性的干练与坚韧更是彰显无遗。尖锐的鞋头属于简约的设计，再通过不同的颜色与材质的变化，给你展现无限的可能。

方头高跟鞋

方头高跟鞋也不失优雅与经典，棱角分明的线条赋予了鞋子一种霸气，视觉上的敦厚感让人行走起来脚下生风。对于这类设计的高跟鞋，搭配职场通勤风阔腿裤是好选择。合宜的搭配，即使有着机械的气质，方形鞋尖也自成一种风貌。

什么样的材质更适合身在职场的你

在选择高跟鞋的时候，不只要注意它的颜色以及款式，更要注意它的制作材质，因为合宜的材质会将你的搭配提升一个等级，亦能装点你的身份和气质。

棉布

棉布是一种以棉纱线为原料的机织物，它是人类日常生活中不可缺少的基本用品，棉布面制作的高跟鞋，比较常见的是绑带类，也常搭配坡跟和粗跟。坡跟运动风的鞋比较适合休闲街头和运动场合，上班的话还是要谨慎选择。

草编

它应该是高跟鞋面料材质里存在时间最长的，作为民间广泛流行的一种手工艺，时尚圈自然不会放过。草编材质的高跟鞋比较适合搭配清新度假风的衣服，若是上班的通勤干练风再配上草编高跟鞋，两种截然不同的风格碰撞只会带来尴尬的形象。

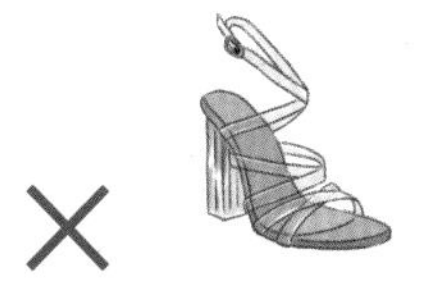

塑胶

它是一种化工材料，应用非常广泛，是人类日常生活中不可或缺的部件。它可以呈现出透明、半透明等状态，但是不适合职场的任何场合。

皮革

皮革是通过物理、化学加工所得到的变性不易腐烂的动物皮，光泽自然，手感舒适，质量自然毋庸置疑。一般高档的高跟鞋，都会采用这样的材质制作。皮革高跟鞋适合任何职场场合，日常通勤、商务会议等都能提升整体搭配质感。

绒面

在触感和视觉上都比较厚实，材质特点主要表现在卫生性能好，不易掉色，防水性好，无油腻感。绒毛细致而均匀的绒面制成的高跟鞋不仅质好貌美，而且可以提升职场女性的优雅气质。

缎面

缎面是一种比较厚的正面平滑有光泽的丝织品，绸缎或锦缎制作的面料，它与生俱来一种典雅的高贵，深受职场女性们的喜爱。这样面料的高跟鞋，若是配以稍大面积的露肤度，在公司晚宴的场合，能凸显性感和优雅。

漆皮

这一种材质具有强烈表面效果和风格特征，它色泽光亮自然，防水防潮，易清洁打理，这让它成为风靡市场的主角。光面素雅的高跟鞋更合适职场女性，将女性干练利落气质发挥到极致。

TEINT MIRACLE
LANCÔME

第3章

通勤妆容篇

识装也识妆，不成文的职场规则

一、有时候，女人需要“妆”权威
二、高效化妆！十分钟打造专业美妆师一小时成果
三、瑕疵急救中心，让你始终保持无懈可击
四、午后10分钟去补妆，这些尴尬不再有
五、为化妆包减负，用最少的化妆品画出最干练出差妆
六、最值得保守的商业秘密！女强人镇包美妆小物推荐

一、有时候，女人需要“妆”权威

Office lady，要礼貌也要美貌！

身处职场中的女性，妆容是十分重要且也是同事之间的谈资。

在职场礼仪中，化一个适合自己的职场需求的妆容很有必要，精致又整洁的妆容可是你另一张“权威”的名片！

面试“软实力”

面试其实就是考察你的反应能力、应答能力、诚实度，还有颜值！硬实力固然重要，而恰当的妆容能提高你的“软实力”，让你加倍自信，同时也可以给面试官一个良好印象，被录取的概率也大幅上涨。面试的妆容要切记几点：

第一，清透的底妆是关键，给人一种干净利落、踏实稳重的好印象；

第二，眉毛打造自然雾眉，自然的眉毛给人一种坦率真诚的感觉；

第三，眼妆部分不用多，眼影选用大地色，再画出一条细细的内眼线，简简单单就能显得眼睛有神；

第四，唇妆的色彩要柔和且自然，带有光泽的浅豆沙色和裸色都是很好的选择。

与客户提案时，精致妆容让你更出色

在职场上，努力和仪容没关系，但仪容却是生活态度某些层面的展示。与客户提案时，你的谈吐衣着、一举一动，代表公司的形象。除了在服装上的搭配外，妆容也是至关重要的。一条上扬挺拔的眉毛不仅增强气场，还不失一丝柔和的女人味！

会议桌上的“女王”

在会议上，精致的妆容不仅能让你提升自信，还能提高你在会议桌上的话语权！在你发言时，你是全场的焦点，所有人都认真聆听你的言论，而你的精神面貌无疑会影响着别人对你的评判和你的“权威”，专业能力和职业仪容都是在职场上出彩的重要因素。

谈判时，气势不能输

代表公司与客户谈判时，务必打扮得职业知性，用强大的气场来镇压对方。在赴商务谈判时，精致的仪容可以说是一把坚韧的利器，它代表着你对这场谈判志在必得的态度，间接告诉对方你是一个雷厉风行的行业翘楚，在气势上绝不能输！

高管更要“权威”

作为公司的高管，需要塑造的是一个干练的职场女强人形象，气场必须相当强大！身处高层位置，除了衣服要选择有质感、高品位的外，为了在形形色色的职业小妖精里脱颖而出，妆容也不能随意，但不代表要画个大浓妆，毕竟职场不是舞台！干净精致的眼妆和适度的红唇，既能让你有着红润的气色，还能散发出“这个办公室我说了算”的气场！

二、高效化妆！十分钟打造专业美妆师一小时成果

职场新人一定要把“见人才化妆，同事不是人”的理念丢掉！有了偷懒的念头，你就永远不会把化妆当回事！

当然，有这样的想法也是情有可原，每天早上都忍不住赖床，再花一个小时化妆，年终奖可能会离自己越来越远。

为了保证美丽又不迟到，你需要掌握高效化妆的技巧！

职场风范全靠“妆”

在欧美剧里，那些精明的白富美用不同妆容在职场上占得先机；港剧里，TVB 女主角塑造的精英范，影响着我们这一代人对职业女性的印象；崛起的大陆剧也在花血本打造精致时尚的职场女性，每一部电视剧里的职场女性都是存在于现实里的“缩影”。

来自实习生的逆袭

在美剧《穿普拉达的女王》里，安妮·海瑟薇饰演的安迪刚到时尚杂志社上班时，是一个穿着朴素简单、灰头土脸的“土包子”，与那些时髦力 Max 的同事们格格不入，在工作中常常受到挫折与排斥，让她变得敏感起来。安迪开始审视自己，打扮自己，重视服装的搭配和妆容，成功蜕变成“时尚达人”，从而得到了上司米兰达的赏识和提拔。

来自职场菜鸟的反转

韩剧《你很漂亮》里的“慧珍”最初是头顶爆炸式的自然卷，脸上布满了雀斑和高原红的形象。求职时，她因为这样的外表而处处碰壁，后来进了一家杂志社，顺应着公司环境的需求和影响，化上了清淡的氧气妆，从一个雀斑“村姑”变成了时髦女神，不仅收割了男神，还在职场上赢得了大家的认同。

高效化妆初级教程

职场妆容以简单淡雅为主，强调妆面的干净和面部轮廓，打造精神活力的面貌。所以初级新手在高效化妆中，可以将正常化妆的步骤简化，去繁就简四两拨千斤，着重描绘面部五官，少许修饰就能达到很好的效果。

Step 1

洁净面部，做好日常的保湿护理之后涂上防晒或者隔离。

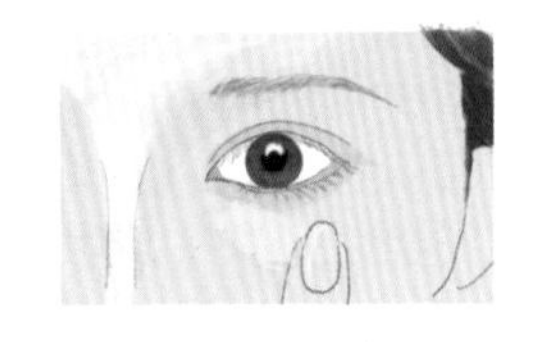

Step 2

用手指蘸取遮瑕膏遮盖黑眼圈。

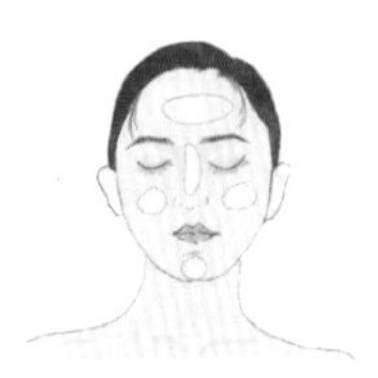

Step 3

用五点法在额头、两颊、鼻尖、下巴涂上粉底液，并用彩妆蛋涂抹均匀。

Step 4

用修容棒涂抹高光阴影，并用美妆蛋轻扑推开。

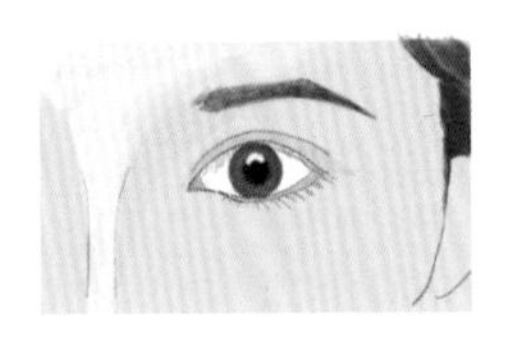

Step 5

用眉笔或者眉粉轻扫眉毛，不用刻意画形，填补眉毛空缺即可。

Step 6

眼线不用画太夸张，用眼线液笔轻轻地延长眼尾即可。

Step 7

使用淡粉色或者珊瑚色的腮红，在笑肌上打圈或者从笑肌下方扫至太阳穴。

Step 8

最后一步，涂上淡粉色或者豆沙色的口红就可以出门啦。

高效化妆进阶教程

当我们能对初级妆容熟练运用的时候，就可以进阶高效妆容的教程了！在初级妆容的基础上进一步完美妆面，强调五官轮廓和突显干练利落的气质，可以尝试使用眼影、睫毛膏等化妆品让双眼更深邃精神。

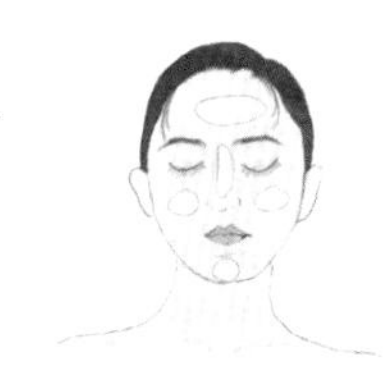

Step 1

防晒 + 遮瑕之后用五点法上好底妆。

Step 2

用修容棒修饰脸形，刻画轮廓，美妆蛋扑开。

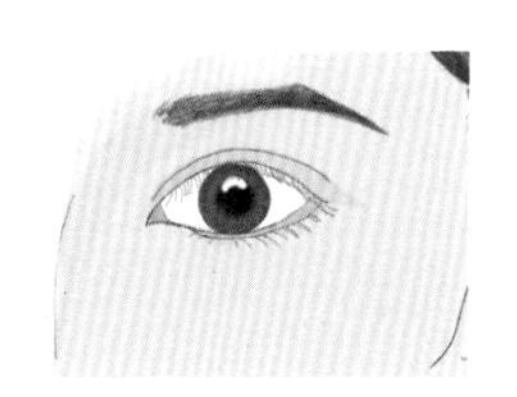

Step 3

用眉笔或者眉膏细致地描绘眉毛轮廓，利落地画出眉峰和眉尾。

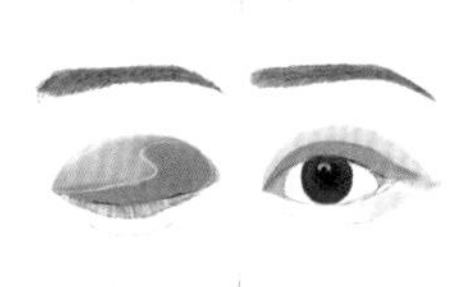

Step 4

在眼窝大面积地用浅色眼影打底，再用深色眼影强调眼尾。

Step 5

轻微向上提拉眼皮，用眼线笔填补睫毛空隙，并在眼尾扫出延长线。

Step 6

用睫毛夹将睫毛夹卷之后，就用睫毛膏轻刷上睫毛，再用刷子上的余膏轻轻地刷下睫毛。

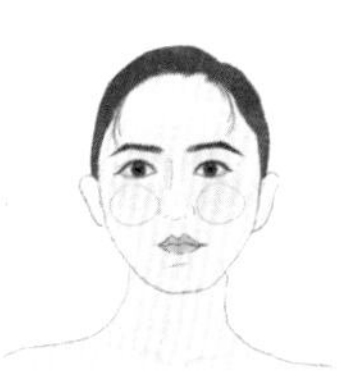

Step 7

在笑肌位置用刷子由外往内以打圈的方式刷上腮红。

Step 8

抹上润唇膏之后，用唇刷刷上红棕色调、梅子色调、豆沙色调的口红，让唇妆更饱满，轮廓能够更分明。

高效化妆品大盘点

工欲善其事，必先利其器。挑选好用的化妆品才能让化妆更省时省事，快捷地打造出理想妆容！高效化妆品可以选择入门级彩妆，简单方便才不会在化妆的时候手足无措。

MAKE UP FOR EVER
玫珂菲全新双用水粉霜

1 自带泵头的粉底液

怕手抖倒取太多粉底液？用完妆太厚，用不完又浪费！带泵头的底妆产品可以为你搞定这件小烦恼，按压即可取粉，用多用少随心所欲，干净又卫生。

SOFINA
苏菲娜 映美焕彩妆前乳

2 能均匀肤色的防晒妆前乳

上粉底液前还要涂防晒？涂妆前乳？还要遮瑕？这样厚厚一层，妆感还能透气吗？买一瓶能修饰肤色的防晒妆前乳就搞定啦，涂一层堪比涂三层，轻松又便捷。

Benefit
贝玲妃 无懈可击眼部遮瑕膏

3 一抹唤醒双眼

粉底能遮盖住脸上七七八八的小瑕疵，可唯独遮不住青黑的黑眼圈，为了保证妆容的完美，这时要用眼部的专门遮瑕产品，偏橘调的色泽能很好地中和掉黑眼圈的青色，膏体质地强劲的遮瑕力能让黑眼圈老老实实地“消失”在脸上。

Maybelline
美宝莲 光影修容棒

4 高光修容二合一

熬夜或者晚上喝水太多一不小心就水肿，如何拯救大肿脸？轮廓不分明，那就自己打造轮廓！利用修容和高光制造光影视觉效果，刻画出深邃的面容，推荐使用高光修容二合一的修容棒，涂抹快捷，上手安全，新手也不会出错。

1
2
3
4

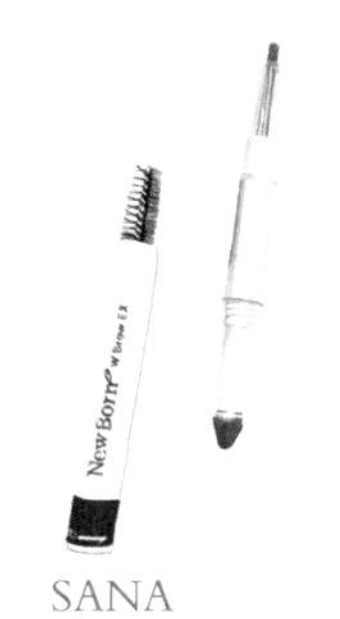

SANA
莎娜 柔和三用眉笔

Kiss Me
奇士美 盈美柔滑液体眼线笔

MAC
魅可 子弹头唇膏 brickola

NARS
吉隆坡双色眼影

5 多功能眉笔

画好眉毛也是一个力气活，心急手重“蜡笔小新”就跑出来了，多功能的眉笔将笔芯+眉粉+眉刷三合一，全方位打造立体眉形，使用时，先用眉刷把眉毛理顺，再用眉笔勾勒眉毛轮廓，最后用眉粉填充，操作简单效果拔群，手残星人值得拥有。

6 轻轻勾勒动人眼尾

短时间如何快速画眼线？干脆放弃吧，简简单单勾一个眼尾也很精神！上班的眼线无须画太张扬，微微地延长一下眼尾就能让双眼自然放大。液体眼线笔的笔尖细长，适合勾画出细细的眼线，极好掌控的使用感适合在短时间内化妆。

7 温柔豆沙色

五花八门的口红到底涂哪一支？上班的话，豆沙色就搞定了！比起淡粉色，豆沙色更能 Hold 住各种肤色、各种妆容，斜面的膏体也很适宜勾勒唇峰，让唇妆更干净利落。

8 双色眼影更简单

既然是高效化妆，眼影简单即可，色彩缤纷的多色眼影盘会增加每一天挑选搭配颜色的时间，不如直接用双色眼影代替，一浅一深清清爽爽。简单的双色也能刻画出深邃的双眼，浅色用于眼窝打底，深色用于加深眼部轮廓，快捷的眼影盘选择双色就对了。

5
6
7
8

必备美妆工具

选好了化妆品，也要选到能完美搭配使用的好工具，赶紧来挑选能让你加速化妆的“神器”，选对了美妆工具能让你多睡一小时！

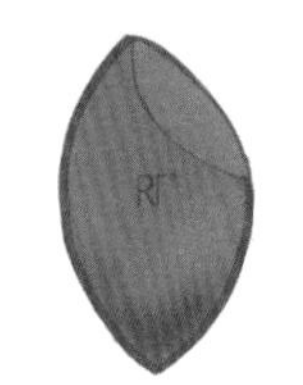

Real Techniques
奇迹焕肤美妆蛋

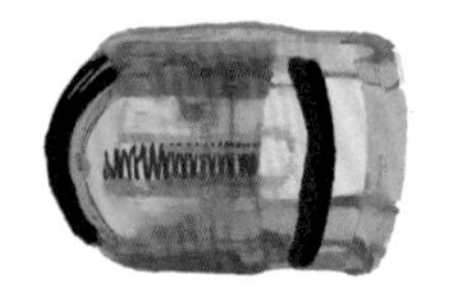

KAI 贝印 超卷翘睫毛夹

单簇假睫毛

MAKE UP FOR EVER
玫珂菲精准遮瑕刷

1 多功能美妆蛋

短时间内化妆切换太多工具容易弄错也浪费时间，不如把各种粉扑刷子换成多功能的美妆蛋，水滴形与切面能完美运用于眼部、鼻子，甚至是细小的精密局域，一蛋多用省时效果好。

2 拒绝夹眼皮

普通的睫毛夹细小锐利，一不留神眼皮就中招，快换成便携塑料睫毛夹！夹口橡皮圈光滑细腻不伤睫毛，弧度非常贴合亚洲女性的眼皮弧线，安心卷翘的睫毛夹才是能高效化妆的好装备！

3 高效小心机

上班贴假睫毛太浮夸？你只是没贴对款式，单簇假睫毛存在感极低，悄悄贴在眼尾，立刻展现动人双眼。而且相比整副假睫毛，单簇更方便粘贴，即粘即稳，不需要花太多的时间去调整，对于上班族来说是再方便不过了。

4 小刷子大力量

遮瑕不能随便涂，手法工具也很重要！扁平斜头设计能一扫无死角，精确遮盖修饰黑眼圈、斑点、痘印和细小瑕疵纹路，进阶使用还能用于修饰嘴唇轮廓和下眼线。它是职场美妆达人不可或缺的一个好“妆”备！

1
2
3
4

DAISO
大创 眉毛无色定型液

5　眉毛雨衣

平常一下雨、出汗眉毛就失踪，无眉星人很是苦恼！快为眉毛穿上雨衣，定妆后在眉毛上均匀地涂一层眉毛定型液，自带刷子涂刷方便，只要两三下，眉毛就能全天在线！

KAI 贝印 T 形修眉刀

6　轻松解决眉毛瑕疵

眉部小杂毛可谓是春风吹又生，一补留神又破坏了眉形，普通的 L 形修眉刀不易操作，容易划伤眼皮或者破坏原本的修好的眉形，不妨试试 T 字形的修眉刀，将刀柄横向握住，往左右两个方向刮，杂毛修理得更干净，操作也更安全。

BOBBI BROWN
芭比波朗 携带式唇刷

7　美唇秘技

口红为什么总涂不好？老是涂出线不均匀，耽误了太多化妆的时间！赶紧用上唇部专用化妆刷，圆尖头的毛刷能精确描绘唇线，立体双唇，还能搭配各式各样的口红，唇膏、唇釉、唇蜜都能自如玩转。

LED 美妆镜

8　清晰照亮你的美

化妆是玉女，出门变浓妆！在普通镜子内看到的妆效不一定就是真正的妆效！只有看清楚自己的脸庞才能高效地在上边挥洒粉墨，快在你的梳妆台上添置一台 LED 美妆镜，可以减少光线不自然让妆容出差错的情况，确保妆容完美还原！

5
6
7
8

三、瑕疵急救中心，让你始终保持无懈可击

职场女性需要在工作上严格要求自己，不能有任何“瑕疵”，不然容易被同事抓“小辫子”！

同样，在脸上也要有高要求，精致到底，拒绝“瑕疵”！

别指望粉底就能帮你解决一切，一些不同部位的瑕疵，还得交给不同种类的遮瑕产品。

1 遮瑕膏

遮瑕膏比普通的粉底具有更强力的遮盖力，能够有效遮盖面部大部分的瑕疵，包括黑眼圈、痘印、雀斑、黑痣和粗大毛孔等。但因遮瑕膏普遍较干，直接涂抹脸上可能会引起拔干、爆皮、卡粉的状况，为避免此类情况的发生，可以取适量在手背上用体温温热后再用。

Dermablend
遮瑕膏

Dermablend
遮瑕膏

2 遮瑕液

液态的遮瑕产品遮盖力度较轻，但因其质地清爽、服帖，反而能够创造出自然的妆容。依据肤质，混合型皮肤和油性皮肤较为适宜使用遮瑕液；依据季节性的变化，妆感较低的遮瑕液也适宜夏天使用。将遮瑕液点在需要遮盖的部位，轻轻推开，然后用指腹晕开边缘，亦可大面积使用。

Dior
迪奥巨星光彩遮瑕液

NARS 纳斯
妆点甜心遮瑕蜜

3 遮瑕棒

遮瑕棒小巧，便于携带，只需要轻轻点在需要遮瑕的地方，把周围用指腹或海绵晕开，再拍上蜜粉或粉饼定妆就完成了使用遮瑕棒遮瑕的工序。但遮瑕棒是以膏状直接涂抹皮肤，边缘较为犀利，因此，上妆必须熟练、迅速，较为考验上妆的技术。

Clé de Peau Beauté
肌肤之钥无暇遮瑕棒

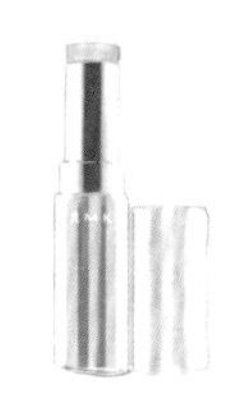

RMK
毛孔修饰棒

4 遮瑕笔

遮瑕笔刷头小巧，便于精准控制遮瑕范围，具有方便携带、便于使用的优点。完成妆容的最后一步，用遮瑕笔遮盖嘴角、法令纹并提亮眼周和眉骨，使脸看上去轮廓清晰，妆容完美无瑕。遮瑕笔质地比遮瑕液更为轻薄，一般使用浅色遮瑕笔，作为眼周的高光提亮使用。

Chanel
香奈儿纯净光彩遮瑕笔

Make Up For Ever
浮生若梦清晰无痕遮瑕笔

常见瑕疵类型遮瑕选品 Q & A

Q1：有严重的棕色黑眼圈应该选择什么遮瑕产品最自然？

A：尽量不要用绿色和蓝色去遮盖棕色或褐色的瑕疵，否则会令肤色变得更加斑驳。具有明亮效果的香蕉色、米色是遮盖棕色瑕疵的首选，融合度既高又能提升因瑕疵存在而导致的黯沉现象。

Sonia Kashuk
四色遮瑕盘

Q2：毛孔粗大，有痘坑，上妆后仍然不能遮盖毛孔怎么办？

A：使用收缩毛孔产品要在妆前做好毛孔的管理工作，尽可能在日常的保养中就能针对毛孔做相应的护理。化妆时，使用专门针对毛孔的毛孔遮瑕膏填充毛孔和痘坑，使肌肤自然平滑。

NARS 纳斯
零恐慌毛孔隐形笔

Q3：粉底遮不住小瑕疵，用遮瑕膏妆面又有厚重感，怎样能画出无瑕妆面？

A：选择遮盖力较好但又轻薄的遮瑕液，或遮瑕蜜。这类遮瑕产品质地轻薄，服帖性好，故而妆感较低；遮盖瑕疵前，取适量在手背上温热，再用点擦的手法轻轻小范围抹匀遮瑕，妆面更轻薄透亮有质感。

Estee Lauder
雅诗兰黛无痕持妆遮瑕蜜

Q4：脸上雀斑和黄斑很多，即便使用遮瑕也不能完全盖住它们怎么办?

A：遮盖雀斑、黄斑、痘印等瑕疵，先使用比肤色深一号的遮瑕，将其在雀斑位置轻轻拍打，后使用粉底。如果还有少量瑕疵不能完全掩盖，应选择带有光泽、反射性质的遮瑕产品，依靠光泽将人眼视线从瑕疵点引开。

Q5：想要遮盖眼周、眼尾的细纹，可妆后眼部卡粉、浮妆，细纹加深怎么办?

A：眼部遮瑕时，难免拉扯到脆弱的眼皮，偏干的遮瑕膏极易干涩、卡粉；在眼周应该使用专门针对眼部，具有滋润、带有紧实肌肤功能的遮瑕产品，同时上妆时动作应尽可能轻柔。

Q6：面部肤色不均，多种问题、瑕疵同时存在的皮肤怎么拯救?

A：就常见的瑕疵来说，黑眼圈、青筋等青绿色瑕疵使用橙色、橘色调和遮盖；大面积的斑块，面部发黄，则需要用到紫色；若脸上有发炎的痘痘、红血丝、局部发红，应选择绿色的遮瑕膏中和。

Shu uemura
植村秀遮瑕笔

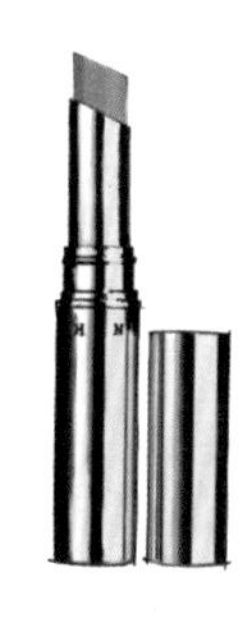

Chantecaille
香缇卡护肤遮瑕膏

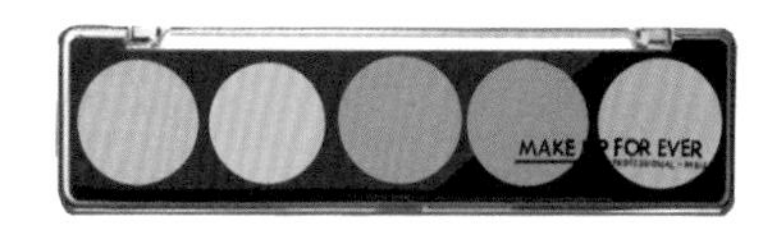

Make Up For Ever
浮生若梦五色遮瑕盘

找准适合的遮瑕膏
你还要知道遮瑕妙招!

1 点拍法遮盖红肿痘痘

一痘毁所有，不正确的修饰方法有可能还会欲盖弥彰，反而更惹人注目。从选择遮瑕膏开始，利用红绿中和的色彩原理，用绿色的遮瑕将红肿痘痘顺利“瞒过去”。

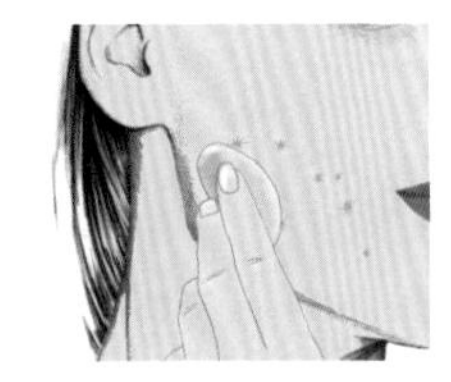

Step 1

将脸部清洁干净

Step 2

用细小的遮瑕刷蘸取绿色遮瑕膏

Step 3

将绿色遮瑕膏轻点在红肿的痘痘上

Step 4

用自然色遮瑕液刷在痘痘周围，以轻拍的方式将涂抹遮瑕膏均匀

Step 5

用晕染刷将遮瑕液锐利的边缘晕染开，自然地与肤色衔接

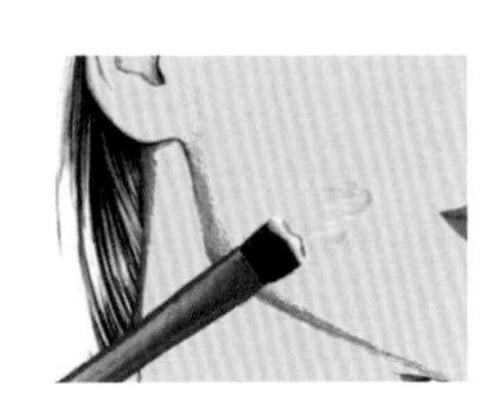

Step 6

将底妆轻轻地覆盖在遮瑕部位，不要过于用力把遮瑕刷走

2　红绿中和法遮盖红血丝

面颊自然的红润才是健康的腮红，大面积的红血丝就像“高原红”一样，一般人难以驾驭这样的“美丽”，在遮盖红血丝中一定要用对遮瑕膏的颜色，不然红血丝没遮住，反倒破坏了底妆。

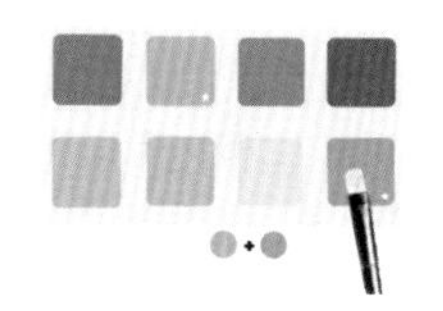

Step 1

将绿色遮瑕与自然色遮瑕调和至合适的颜色

Step 2

用化妆刷蘸取调和好的遮瑕，以点涂方式均匀上在泛红区域

Step 3

用笔刷剩余的遮瑕涂抹在鼻翼泛红处，修正肤色还不会积粉

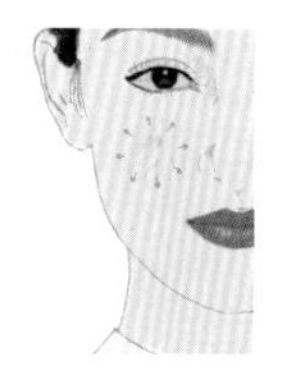

Step 4

向四周扩散涂抹遮瑕，让遮瑕膏自然均匀覆盖在红血丝处

Step 5

遮瑕完成即可涂上粉底液

Step 6

最后在苹果肌处扫上少许高光制造视觉焦点，娇嫩面颊打造完毕

3　色彩中和法巧遮黑眼圈

再怎么护理眼部，只要一不小心加了班熬了夜，黑眼圈就会自动跑出来。既然黑眼圈已经来到，不如借助色彩中和法来将泛青的黑眼圈遮住吧！

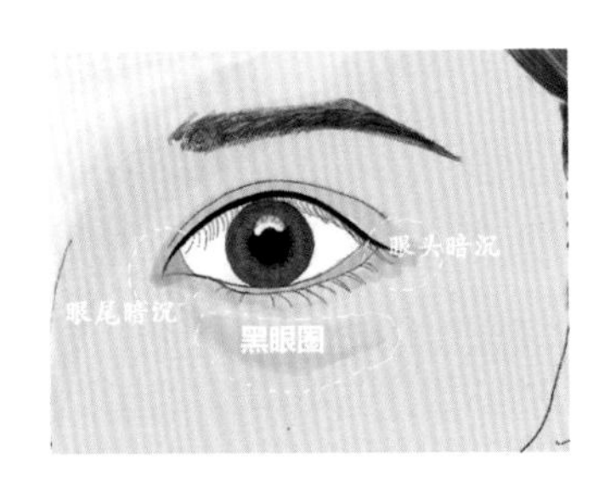

Step 1

眼部做好保湿工作以后，观察黑眼圈分布位置

Step 2

用小号遮瑕刷，在黑眼圈位置涂上偏橘调的遮瑕，用海绵轻轻地拍开，防止遮瑕膏被推走

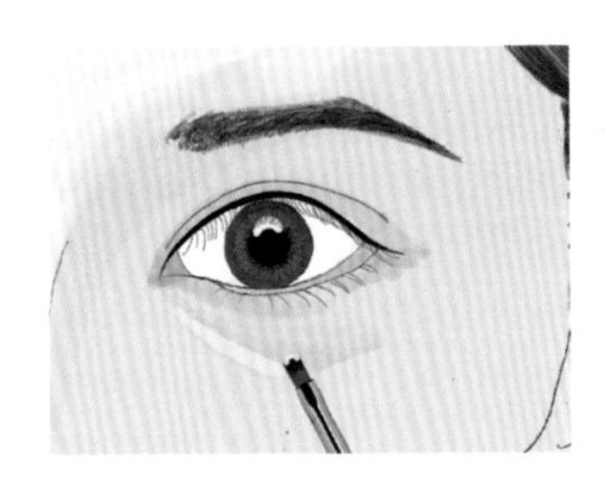

Step 3

用细小的细节刷蘸取提亮遮瑕，描绘泪沟，再用手指轻轻拍均，切勿将整个眼袋提亮

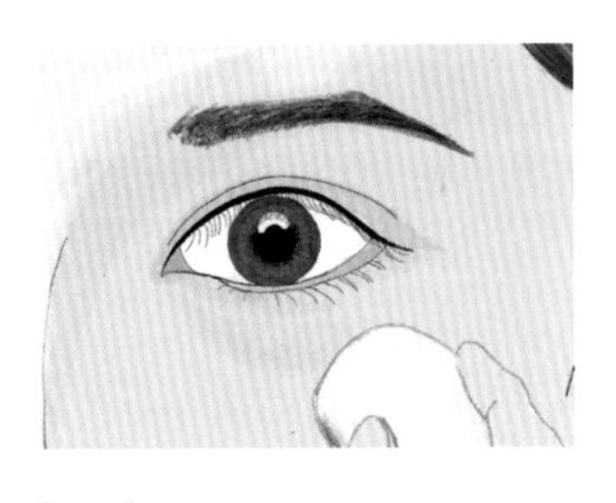

Step 4

将全脸涂上粉底液，均匀肤色

Step 5

在眼下三角区涂上亮一号的遮瑕，提亮三角区，切记不要涂到卧蚕

Step 6

在眼周轻扫一层散粉，完美遮住黑眼圈

4 猫咪遮瑕法填补法令纹沟壑

法令纹是显老的最大元凶！深深的法令纹让面部看起来像松弛下垂一般没有活力，更是让人觉得凶神恶煞不敢亲近。快来学习猫咪遮瑕法，赶走不可爱的法令纹，让面部重获新生。

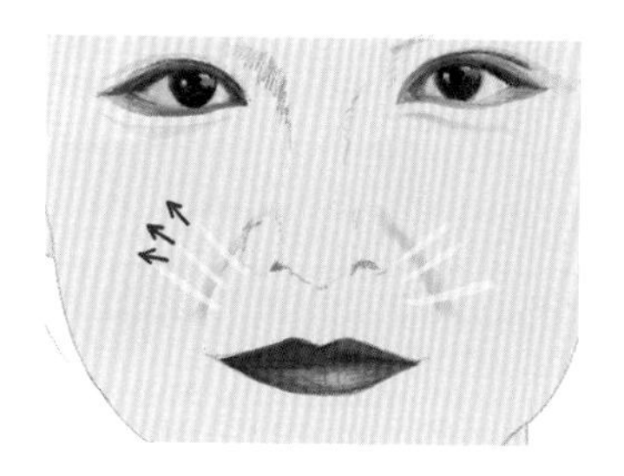

Step 1

在嘴巴两侧的法令纹上画上像猫咪胡须一样的遮瑕线条

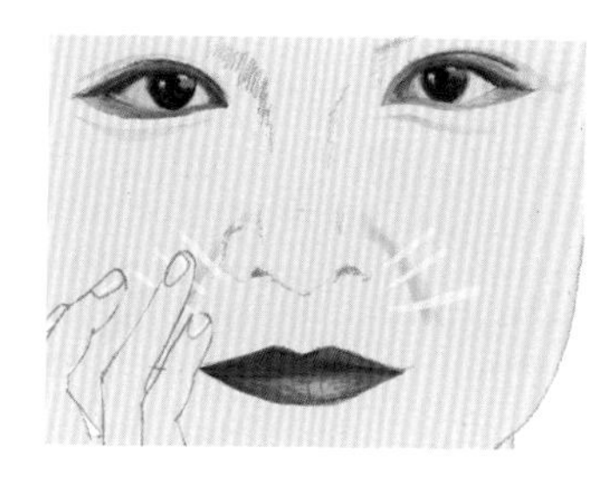

Step 2

用手指轻轻点按，将遮瑕均匀按开淡化阴影

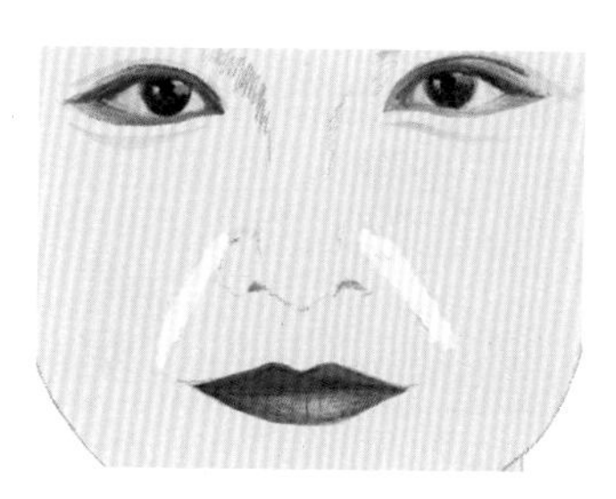

Step 3

用遮瑕刷将亮一号的遮瑕画在法令纹上，再细细地刷开

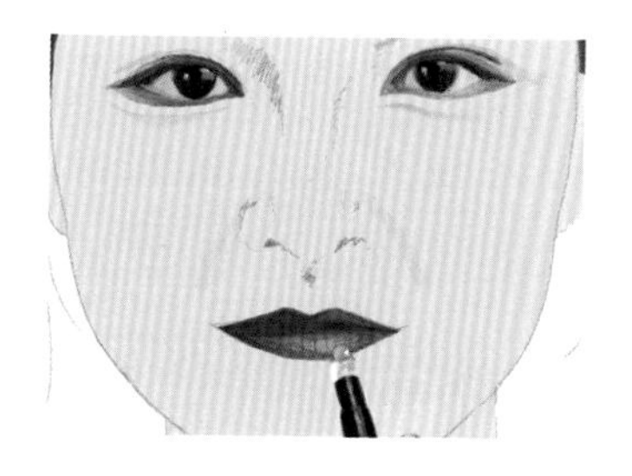

Step 4

为了减缓法力纹的下垂感，嘴角也要进行提亮，先给嘴唇涂上润唇膏

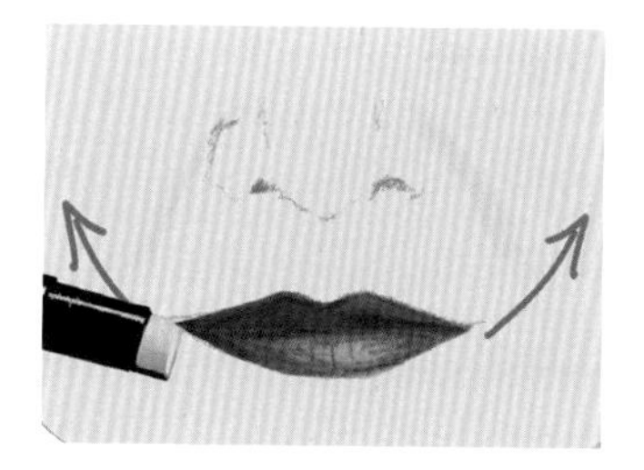

Step 5

将遮瑕涂抹在嘴角暗沉的地方，并向上轻推遮瑕膏

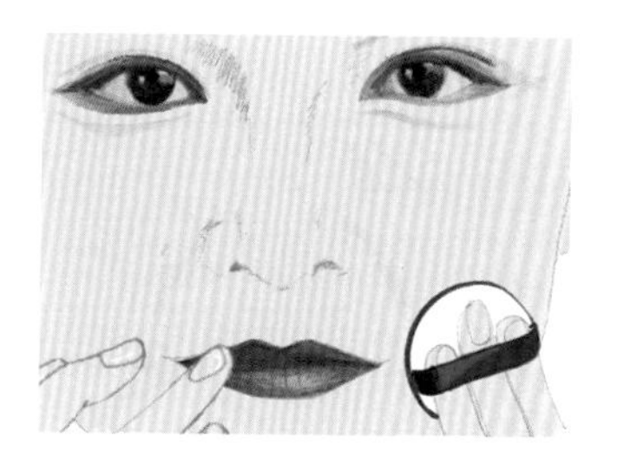

Step 6

使用粉底液涂抹全脸并按压鼻周嘴角，让全脸色泽匀称

四、午后 10 分钟去补妆，这些尴尬不再有

明明每天都是化了美美的妆去上班，一到中午妆容就开始“造反”了：鼻翼两侧、唇周、额头这些部位变得斑驳。

可别把这口黑锅往“化妆品”上扣，也有可能是其他的因素造成底妆 bug。

先查明原因，才能“对症下药”，以后在办公室里才不再有脱妆的尴尬！

高温天气

通勤的时候，难免会暴露在阳光之下。在人流量相对大的办公室里，也会产生高温，人体就会分泌出更多的油脂、汗液，而市面上大多数底妆产品，为了保证产品的舒适使用感，不会添加过多的控油剂，所以底妆面对大量汗液、油脂的冲刷，自然难以抵御。

干燥的办公环境

在办公室内强劲的空调会造成干冷的环境，空调就会带走脸上的水分，底妆与皮肤不服帖之后就会出现浮粉、卡粉、浮现细纹等状况。

佩戴眼镜造成卡粉

戴眼镜而脱妆大概是最困扰近视的上班族的问题了，因为鼻托架于鼻子两侧（出油重灾区），加上眼镜偶尔松动滑落，鼻托就会摩擦鼻翼的肌肤，底妆因此被蹭掉或者堆积成块。

肌肤状态不佳

上班族分为两大党派：加班党＆熬夜党！她们都有一个共性：爱熬夜。休息不足会导致脸色暗沉、皮质粗糙，底妆上不好，妆效不持久。还有长痘痘，凹凸不平的肤质会让底妆上不匀称，一旦出油出汗，就很容易出现斑驳的现象。

妆前的护理没做好

肌肤出油的原理是皮肤的水油不平衡而造成的，粉底液中或多或少都会添加一些控油剂，如果没有做好保湿工作，粉底液会反吸皮肤中的油脂，让皮肤变干，持妆效果就会大打折扣！皮肤再好的人，都要做好妆前护理。

化妆品类型选错

别总是对自己毫无责任地“种草”，并不是每个产品都适合你！比如，易出油的皮肤选择了带“水光针”效果的滋润型底妆，油上加油，太油腻！干燥的肌肤亦是如此，选择了有控油成分的产品，反而让为数不多的天然保湿剂（自己分泌的油脂）溜走。

上妆工具有问题

底妆产品种类有很多：粉底液、粉底膏、粉底霜、气垫……它们不同的质地需要匹配不同的上妆工具才能发挥最好的功效，例如：干皮使用粉底液加刷子能最大限度地保留液体的滋润与光泽，油皮使用美妆蛋能吸取面部的油脂还不会让底妆过于滋润。

上妆手法有问题

既然使用到美妆工具，不同的美妆工具有着不同的使用方法。例如美妆蛋，它最常使用轻拍的方式上妆，因为美妆蛋与普通海绵粉扑不同，如果用它来推粉底，它紧实的质地会把粉底推走。粉底不均匀，底妆也容易掉。

“吃妆”场景解析

“吃妆”尴尬情景大回放，你是否也经历过这样的情况？赶快来对号入座吧！

场景一：上班来不及，匆匆忙忙使用气垫BB上好底妆，结果刚开完晨会底妆就不见了！

诱因一：粉底产品不是持久型，本身欠缺附着力！气垫BB是在BB霜的基础上发展而来，BB霜的本质要求是滋润服帖，要求质地轻薄，所以在遮瑕力度和持久力度上比粉底液略逊一筹。如果要追求持久度较好又方便上妆补妆的工具，可以将底妆换为气垫粉底液，并且结合散粉、定妆喷雾等定妆产品使用，既保证了底妆轻薄自然，又能延长持妆时间。

场景二：产品质量没得说，上妆的时候却分分钟起皮、卡粉、不服帖。

诱因二：如果出现了上述的情况，就说明你的脸需要护理啦！肤质的状况很大程度上决定着底妆的存活时间！粉底液就像油漆，它刷在平滑的墙上才会显示出油亮的色彩，若是涂抹在粗糙的墙面上，它会同粗砺的墙面那般粗糙，即是说底妆只是在你的肌肤基础上略加修饰，并没有神奇的功效。所以，要想底妆上得好，首先要把脸部肌肤的状况调理好。如果肌肤衰老松弛，就要升级面霜，购买一些抗衰老、有紧致功效的面霜，如果是水分不足，就要购买能补水保湿的精华液，或是更换较滋润的妆前乳。

场景三：经常被人夸皮肤好，但一到办公室就油光满面，底妆消失无影踪。

诱因三：皮肤再好也顶不住环境的“摧残”，皮肤会出油是因为人体本身的保护机制在工作，人体分泌的油脂是天然的保湿剂，皮肤在低温干燥的环境下会分泌油脂保护皮肤，所以皮肤再好的人也会出油，为了解决这个问题，需要一瓶能提升妆容持久性和保湿度的定妆喷雾！在上好底妆之后轻轻一喷，轻松延长底妆生命力。

场景四：明明涂了防晒霜、隔离霜、妆前乳，妆感并没有变好，反而脱得更快了！

诱因四：妆前产品涂太厚，容易搓泥，皮肤质感不好，底妆自然也不服帖，况且这些妆前产品其实都是起防晒或修饰肤色的作用，那就是防晒或者修饰肤色，他们都是在商家的包装之下有了不同的名称，也就是说，如果你在妆前涂了那三样产品，其实就是白白堆积了三层膜，功能并没有累加，反而让你的皮肤增加了许多负担。一般通勤用防晒就可以了，清清爽爽妆感自然服帖。

正确的补妆方法

当明白了脱妆的原因之后，有针对性地进行补救才是正确的补妆姿势，下面将介绍三个部位的补妆办法，让你快速轻松补好妆！

1　眼部补妆方法

眼部脱妆，一般是由于眼部出油，导致眼线、睫毛膏晕染，造成眼周有模糊的黑色污渍。所以眼部补妆的大致思路就是先洁净污渍再修补底妆，最后再勾勒模糊的部位。

Step 1

用纸巾或者吸油纸，轻摁眼部，吸走多余油脂

Step 2

用湿润棉棒清理好晕妆的污渍，轻轻旋转点擦，小心不要破坏干净的部分

Step 3

用遮瑕笔点涂式补涂被擦掉底妆的位置

Step 4

在补好的位置轻扫一层散粉，让眼部变得更清爽

Step 5

哪里缺块补哪里，如果是眼影就扫上眼影，如果是眼线就用眼线笔重新勾勒一次

2 唇部补妆方法

唇部的掉妆一般是由进食后造成的斑驳、掉色、轮廓不清，不仅是嘴唇，连唇周的部分也可能被殃及，所以唇部补妆的思路是先将唇部残余的口红清理干净再涂口红，最后修补唇周底妆。

Step 1

用纸巾轻按压嘴唇将残妆和油脂吸走，切勿用力擦拭损伤嘴唇

Step 2

用手指或者棉签蘸取润唇膏，滋润双唇

Step 3

用粉扑修补唇周花掉的底妆

Step 4

涂上口红

Step 5

用遮瑕笔勾勒唇型，让唇妆线条更干净利落

3 面颊补妆方法

面部脱妆大多数都是由于面部出油造成，因此在补妆之前需要用吸油纸将脸部多余的油分吸掉，再进行补妆以及定妆的步骤，才能让底妆“超长待机”。

Step 1

用吸油纸在鼻翼两旁、下巴额头等易出油的地方吸走多余的油脂，轻轻按压即可，不要用力擦拭破坏原有的妆容

Step 2

用海绵粉扑将面颊上堆积的粉底缓缓推匀

Step 3

用妆后保湿喷雾喷出水雾后，再用脸去迎接，避免面颊太湿润让原有的底妆溶化

Step 4

用粉扑蘸取少量粉底，多次地在暗淡脱妆的地方温柔轻拍

Step 5

在笑肌下方轻扫腮红，让双颊恢复红润还自带修容效果，重塑脸部轮廓

关于补妆的五组常见问题 Q & A

Q1：底妆产品那么多？补妆是用粉底液还是粉饼？

A：取决于溶妆的程度！如果妆已经溶了一大半，建议你还是老老实实用粉底液进行补妆粉，粉底液的水分能平衡一下你脸上的油光。如果只是局部脱妆，用粉饼轻扑就能搞定。

Q2：用完吸油纸之后太干怎么办？

A：在粉扑上滴上精油，与底妆融合之后就能打造出水润的妆感，或者还可以在吸油之后喷洒一些妆后保湿喷雾，这也是比较方便的补水措施。

Q3：眼下、嘴角、鼻翼、痘痘及黑眼圈这些地方要怎么补妆？

A：这些细小的地方粉扑很难触及，但是补妆又不能放过，可以在包里备一支遮瑕笔，细小的笔头能处理各种小瑕疵，便携的包装也更适合及时补涂。

Q4：没有妆后保湿喷雾，用普通喷雾代替可以吗？

A：可以，但是在使用上有差别，在使用普通喷雾的时候，先用一张纸巾遮挡住脸部，再喷洒喷雾。这样能减少多余的水分，不至于弄花原来的妆容。

Q5：平常上班不能带太多东西，有没有最精简的补妆装备？

A：有，气垫底妆、棉签、吸油纸、口红，有了这四样就能基本满足补妆要求。

五、为化妆包减负
用最少的化妆品化出最干练出差妆

出差对于职场女性来说，是为工作，而不是旅行度假，大包小包就算啦，一个行李箱就要装下工作资料、换洗衣物、化妆品！

行李越少越轻松，别指望着把梳妆台上的化妆品都带走，聪明的职业女性就该用最少的化妆品化出最干练的出差妆！

包包里装下它们就够啦!

1	2	
3		
4	5	6
7	8	9

1 遮瑕
Lancome 兰蔻
奇迹光彩遮瑕笔

2 粉底
Lancome 兰蔻
气垫修颜隔离乳

3 眼影
Lancome 兰蔻
梦魅五色眼影盘

4 腮红
Lancome 兰蔻
云雾腮红

5 眉笔
Lancome 兰蔻
造型眉笔

6 眼线
Lancome 兰蔻
防水眼线笔

7 睫毛膏
Lancome 兰蔻
天鹅颈睫毛膏

8 唇膏
Lancome 兰蔻
菁纯透润唇膏

9 唇釉
Lancome 兰蔻
菁纯透润唇釉

眼妆分解

1　选用浅棕色珠光眼影大面积地铺扫眼皮，为眼皮打底，可在眼球上方眼皮重点加强。干练出差妆通常使用大地色眼影搭配棕色系眉毛，强调眉眼

2　使用深一号的棕色珠光眼影紧贴睫毛根部，用小号眼影刷刷扫，眼头和眼尾需要重点加强晕染

3　用眼线笔填满睫毛根部，能让眼睛更有神采，这也是让眼妆精致的关键

4　出差妆不必使用夸张的假睫毛，自然的睫毛最迷人，用睫毛夹夹翘睫毛即可

5　从睫毛根部以“Z”字形手法抖动刷翘睫毛，重复过程 2 ~ 3 次能将睫毛刷得卷翘纤长

6　使用眼线液笔，从眼头紧贴睫毛根部画一条外眼线，眼尾拉长至 2 厘米即可。眼线不宜过于突出，只需填好内眼线，并将外眼线流畅画出，强调眼睛光彩即可

7　最后使用眉刷将眉毛打理整齐后刷上棕色的眉粉或使用眉笔画好眉毛

Points　可以使用刷头较为松散，刷毛较长的眼影刷晕染眼影，使眼妆更为贴合、自然、干净，出差不适合烦琐的眼妆，自然舒适的最好。

颊部分解

1 使用粉橘色或珊瑚色系的腮红更合适干练的出差妆容，轻刷一层腮红提出自然活力好气色，适当的修容能让脸部显得立体有轮廓感，确定好腮红位置后刷扫即可

2 利用高光粉或珠光颗粒细腻的米白色眼影，在鼻梁、眼周等部位提亮

3 使用斜角修容刷蘸取修容粉从颧骨发际线位置开始，从后往前刷扫，打造小巧V字脸

Points 化完符合出差主题的简约干练妆容后，脸颊部位的妆容可以采取少量多次的方法，蘸取腮红、修容等产品，避免颜色太重致使妆容不自然。

唇妆分解

1 使用唇膏或唇部打底膏滋润双唇，这能有效抚平唇纹，使唇妆更出彩

2 先使用唇膏涂抹双唇，若想要避免唇妆边缘不整齐、不流畅等问题，可以使用唇刷

3 使用同色系的唇釉，再次涂抹双唇，能加强唇部妆容，并使妆容更持久

4 出差妆不适合太艳丽的唇妆，使用豆沙色或珊瑚粉色系的唇膏提亮气色，更适合职场女性

Points 唇色过深的女性可以在唇妆前使用遮瑕膏遮盖唇色，同时还能改变唇形。

六、最值得保守的商业秘密！女强人镇包美妆小物推荐

不是只有电脑里的商业计划书才叫商业秘密，女性随身携带的包包里也有武装她们美丽的“商业秘密”。

如果你是待晋升的职场人，你的包包“锦囊”还需要这些美妆好物来镇一镇“气场”，如果你是身处权势的女强人，这些小物更不能少！

1 呵护双手工作更出色

在职场中无处不需要使用双手，递收文件、敲打键盘……双手在上班 8 小时里毫不停歇，双手还是女性的第二张面孔，对它好好呵护也是对第二印象的打造。在办公室使用有浓烈香味的护手霜就是一种“骚扰”，带有淡香或者无香的最佳，低调地为双手保湿滋润，轻松呵护柔嫩肌肤。

2 一点即亮击破瑕疵

通勤的妆感不能过厚，一般都挑选质地轻薄的底妆，但是这样就带来一个问题：瑕疵遮盖不住怎么办？这时就可以选择笔状的遮瑕产品，细小的体积可以放置包内随身携带，在空余时间就能完成补妆，只要遮盖一些小细纹、毛孔、暗沉，就能让整个妆容呈现自然清新的效果。

3 淡香营造优雅气质

职场新人不宜使用浓烈的香水，味道太“抢镜”不符合香水礼仪，也不利于职场人际交往。可以选用固体香膏，香味清淡持久，便携的包装可以随时添补香氛。淡雅清香萦绕身旁，优雅气质自然散发。

Herbacin 贺本清
小甘菊经典护手霜

Clé de Peau Beauté
肌肤之钥 高光修容荧彩笔

L'occitan e
欧舒丹 樱花味香膏

1
2
3

4　打造根根分明高级眉

快跟韩式平眉说拜拜，自然高级眉才是职场妆容的重点！根根分明的透气眉毛才能传达个人的精神气。液体眉笔极细的笔头可以精细地勾勒眉形，描绘出栩栩如生的眉毛，相比眉粉、眉笔更自然细腻，用以填补眉毛能达到非常好的效果。

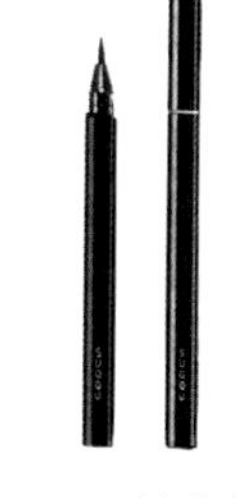

SUQQU 液体眉笔

5　卷翘睫毛不打烊

8 小时的工作，你都疲倦了，更别说睫毛！自然生长的睫毛当然不能像假睫毛那样持久卷翘，所以只要一发现睫毛扁塌，立马从包包里掏出睫毛夹，轻轻一夹，卷翘美睫马上回归！精准睫毛夹的好处在于，体积小随身携带无压力，还能把睫毛死角照顾好，不用耗费太多时间就能完成补救。

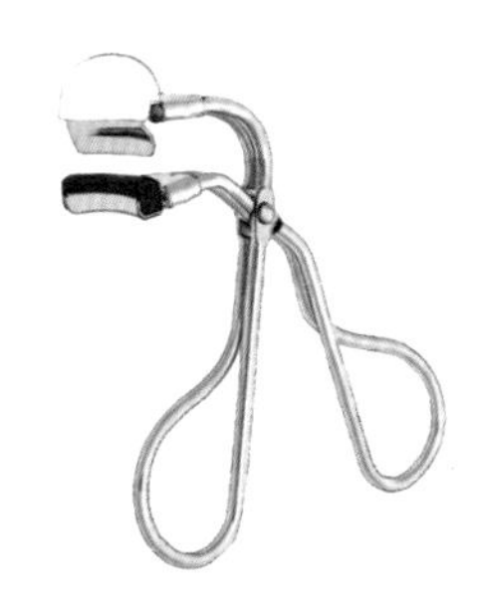

Shu uemura
植村秀 精准睫毛夹

6　妆容拯救神器

上班出门太急口红画过了唇线？沉迷工作之后妆容变成了“烟熏妆”？应接不暇的妆容问题是否在影响你的工作效率？只要在包里放一包卸妆棉棒，这些问题帮你轻松搞定，独立小包装的棉棒含有卸妆水，能精确帮你修正瑕疵不破坏其他妆容，不拖泥带水，工作更出彩！

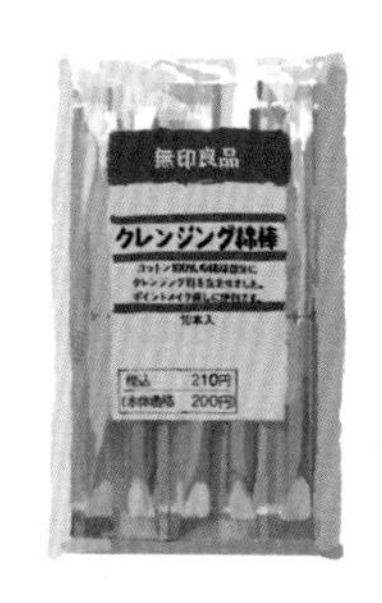

MUJI 无印良品
卸妆棉棒

7　赶走油光还原精致妆容

长时间面对电脑皮肤难免会出油，职场强人怎么能因为油光而破坏了精致妆容呢？如果底妆没有掉太多，使用吸油纸就 OK 了，与使用粉饼补妆相比，吸油纸更自然，避免造成底妆不匀，还原了精致的妆容。

4
5
6
7

FANCL 天然麻吸油纸

8　干皮妆容救星

干皮星人肯定有这样的烦恼：在空调房里待太久，脸上就会出现小干纹、脱皮、浮粉，气垫是最适合补妆的底妆形态，水润的质地能让底妆如空气般轻盈，空余时间掏出气垫底妆，轻轻一扑，底妆又能重现干净完整。

9　油皮补妆必备

每一个职场大油田肯定都会遭遇过疯狂出油的时刻，大量的油脂分泌会导致底妆斑驳。底妆看起来脏兮兮的可不能算是一个及格的职场强人！粉饼是由粉质底妆压制而成，能有效控制油光，一秒钟油田变雾面，干净的妆面才能突显干练利落的气质！

10　清爽防晒无懈可击

无论是上班出门前，还是下班回家，都不可避免地要接触阳光，防晒要全年无休，做好了防晒才是对肌肤全面的呵护，在背包里备上一瓶防晒喷雾，喷雾的质地清爽轻薄，不用将手变得黏糊糊的，只要轻轻一喷即可完成防晒。

Laneige 兰芝 气垫粉凝霜

11　最轻柔的肌肤守护

用餐后、出汗后，面部都要使用纸巾擦拭，若是粗糙的纸巾不仅破坏妆容还损伤肌肤，这时就要在包里备上一包敏感皮肤专用的面纸，如肌肤般顺滑的质地，富含天然甘油牢牢锁住水分，擦拭轻柔舒适，赶走污渍还留精致妆容。

THREE
凝光焕彩分时段粉饼

城野医生 身体防晒喷雾

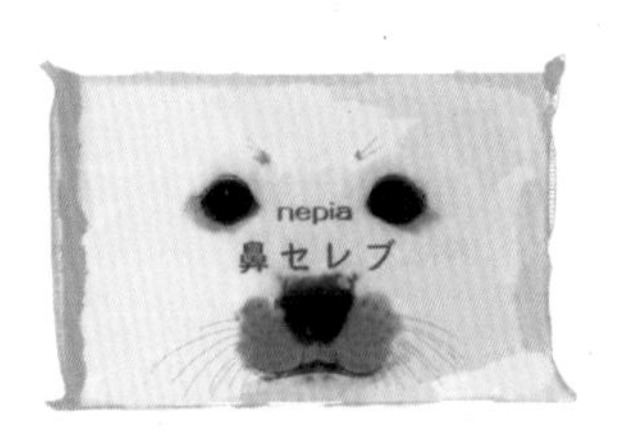

Nepia 鼻子贵族手帕纸

12 明亮双眼更迷人

长期使用双眼会给眼睛造成负担，红血丝、干涩等问题让双眼无神暗淡，手也不自觉地想搓揉眼睛，这么一搓，眼妆很有可能就会糊成一团，还可能让细菌感染双眼。如此“辣眼睛”还怎么能晋升职场强人呢？在双眼疲劳时使用眼药水，迅速还原清澈双眼，工作更出色。

13 迷漾双唇润心间

工作一忙就忘记喝水，嘴唇干燥脱皮，优雅气质全不见。为了保持滋润的双唇，可以涂上变色唇膏，给素唇增添自然红润又能保湿滋润。饱满自然的双唇能增加亲近感，人际关系没问题，团队合作不怕乱，自如掌控工作节奏。

14 飘逸刘海更有型

每次脑袋高速运转之后，刘海变得油腻腻，造型全无，精致的职场强人怎能容忍这样的小瑕疵？这时候就需要便宜大碗的散粉来拯救你的刘海！散粉不止可以用来定妆，矿物质粉的控油能力还能让你的刘海变得清爽和蓬松，宛如清洗过后那般飘逸。

Santen
参天 PC 蓝光眼药水

12
13 | 14

Dior
魅惑润唇蜜

Innisfree
悦诗风吟 控油薄荷矿物质散粉

第4章

职场发型篇

闯荡职场，从“头”开始

一、摘掉平庸标签首先要增“色”

别再做职场里的平庸者，要做职场中的“出色者”！

发色决定着一个人的整体形象，以肤色判断发色。

选对了，整体形象和气质会加分不少，也让你在职场中“增色”不少！

染对发色能为自己加分

懂化妆的女生会知道肤色偏暖要选择暖色调颜色来搭配妆容，可发色正好相反，需要冷暖互补。头发大面积包裹着脸部，会有加成的作用，皮肤偏白粉嫩，选暖色调如深巧克力；皮肤偏黄，选冷色调如灰色调、亚麻绿；皮肤偏黑，注意发色深浅度，选奶茶棕为佳。

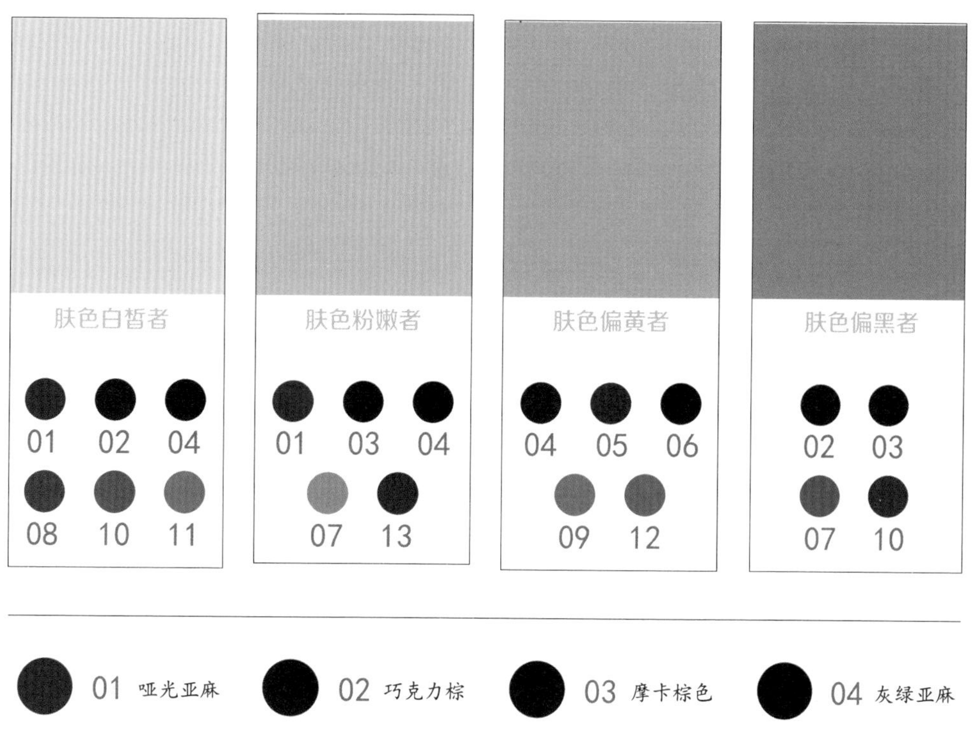

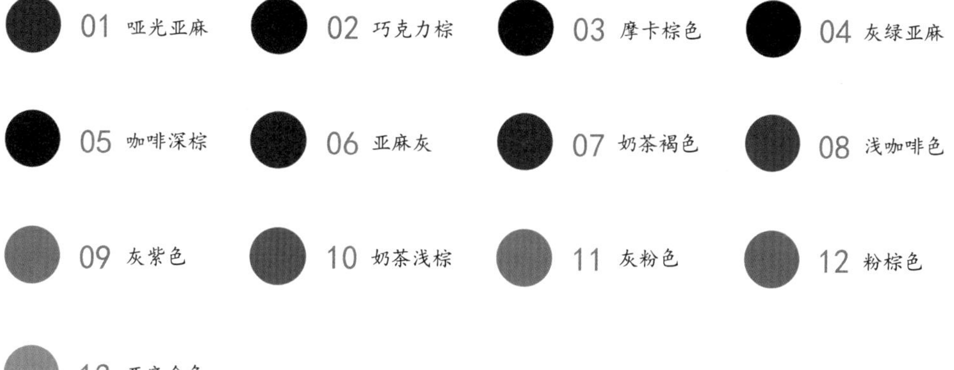

染发后洗发这样做更健康！

染发后多久能洗头？

√ 染发后 48 小时后，洗第一次头为宜。头发较长的最好推迟到三四天之后再洗头。

× 染发后当天洗头，很可能会导致染发效果功亏一篑，让头发承受更大的伤害。

染发后首次洗头怎么做？

√ 选用有锁色护发效果的染发专用洗发水和护发乳清洗。洗头时选用温水，滴入几滴洋甘菊精油有助安抚头皮，减轻染发剂对头皮的刺激。

× 热水或冷水洗头，过高的水温会引起头发上色彩脱落，而冷水会刺激头皮也不利于清洁。只用洗发水不重视护发乳，那么头发只得到清洗没有养护。

锁色护发产品不能少

√ 染发后护发素、发膜、护发精油不能少，除了日常的养护，每周一次使用深层护发产品，深层保湿、及时修护发丝。

× 每天使用发膜和护发精油，发膜或护发精油直接涂抹到头皮上，高比例油脂的深层护发产品沾到头皮会造成负担。

锁色护发好物大推荐

SANOTINT
染发剂

欧洲第一有机品牌Cosval旗下的产品，天然染发护发锁色不刺激。

Aveda color conserve
洗护套组

100%有机成分，保护秀发免受太阳、水和外部压力伤害。

Aveeno living color
洗发水 护发素

淡淡的香味，洗后头发会比较蓬松，适合发量少的人用。

FURTERER
复合精油洗发水

富含精油成分，锁色护发。洗头皮也非常干净。

Oribe
奥瑞比系列洗发水

细软、受损发质特别适用，染后修护效果也很好。

L'OREAL PARIS
巴黎欧莱雅绚色润采发膜

含有明星抗氧化护发成分，在头发表面形成保护膜。

二、职场里面，谁应该考虑剪短发？

短发的风潮同样也席卷了职场，无论是老板、领导、精英、新人都臣服于这一波潮流。

短发虽看着精明干练，清爽时髦，但是你真的适合吗？那可不一定！

圆脸

圆脸脸形看起来比较可爱、有孩子气，这样会有减龄的效果。选择短发发型时剪不好很容易造成与年龄不符的幼稚感，或者是把圆圆的肉脸完全显露，所以可以选择比较成熟的短发造型，例如中短发或 Lob 头。

注意不能剪过耳短发，缺少了修饰轮廓的头发只会让脸形看起来更圆润。

方脸

方脸脸形轮廓分明，线条感极强，会有一种硬朗的感觉，缺少了女性应有的柔美感。不建议选择刘海厚重的短发造型，这样会显得脸形更方。

选择能柔和脸形棱角的发型，自然轻盈的发质最适合，如极短发或者中分的中短发或 Lob 头都能很好地修饰方脸的硬朗。方脸也是最适合短发的脸形。

长脸

长脸脸形上下距离较大，看起来较为瘦长，所以选择一些带有蓬松效果的短发会更好，头顶的头发除外，不然会将脸形拉得更长。

长脸形就是要选择能在视觉上缩短脸部长度的发型，所以中分的短发、过耳的短发都不适宜。除了利用刘海来修饰脸形之外，也可以选择及肩的中短发，将发尾做出蓬松的效果，以宽补长。

鹅蛋脸

鹅蛋脸是最标准的脸形，可以适应各种短发发型，但也不能因为是完美脸形而随意造型，重点在于不要挡住脸形的轮廓，也不能让头发太贴头皮，扁平的发型效果脸形也救不了你。

无论是极短发还是中短发所延伸出来的各种发型，鹅蛋脸都能轻松驾驭。

心形脸

心形脸眼睛以上部分较宽，从脸蛋开始慢慢变窄，尖下巴。

心形脸拥有饱满的额头，最好选择能够修饰额头的发型，短发的长度最好不低于下巴，不然会显得下巴很短，短发长度超过下巴 2 厘米为宜，有轻薄刘海的 Bob 头、偏分的中短发都适合心形脸。

菱形脸

菱形脸颊骨突出，颧骨位置较高，整个脸形很有立体感。

为了柔和棱角的扩张感，在选择短发的时候尽量避免让发量稀少的头发扁平贴头，菱形脸不适合中性风格的短发如极短发，带有蓬松效果的中短发或 Lob 头可以很好地修饰脸形，不会太突出脸颊的宽度，脸形也会变得更为立体饱满。

极短发

职场新手最爱的发型就是极短发，若你是想让自己的气质上升一个高度，步入成熟的第一步，又不缺乏年轻元气，极短发是你最佳之选。头发再短也需要打理，让短发个性起来，对极短发进行湿发打理可以打造出极具视觉效果的活力短发，再也无需担心“撞发”！

极短发也分很多种发型，经过不同的造型可以做出个性百变的效果。短发的打理最为简单，也无需担心耗费时间，每天早上起来只需要动动手就 OK。

Step 1　用梳子将头发梳好，将头发分为几个部分

Step 2　用加热的卷发棒将每一块分好的头发烫卷

Step 3　双手沾湿水，用沾湿的双手将头发打湿

Step 4　将发蜡均匀地涂抹在头发上，双手插入发根轻轻揉搓

Step 5　用吹风筒从发根处吹，吹出蓬松感

Step 6　喷上定型产品将头发造型定型，将一侧头发塞到耳后

Points　用发梳，风筒稍稍卷曲发尾，让头发弧度更加自然。

中短发

中短发是职业范与时尚并存、最适合商务社交的 OL 发型，也是端庄、优雅的发型首选，说不定你的精英上司她就是这个发型！中短发的造型空间最为广泛，经过不同的打理可以做出二次造型，我们常说的 Lob 头就是中短发经过打理后的发型。

中短发若是不经常打理则会变成垂坠的效果，不出彩的发型就连上班也打不起精神。披肩的 Lob 头是平日里最常见的发型，若是将它扎个蓬松的小马尾，精明干练的气质呼之欲出。

Step 1　使用加热的卷发棒将中短发的一束束头发烫卷成螺旋状

Step 2　用双手从头发内侧向外梳理头发，做出蓬松感

Step 3　取出少量发蜡，用双手均匀涂抹在头发上

Step 4　留下刘海和少量发丝，从耳朵两侧开始往后将头发扎起一个小马尾

Step 5　轻轻拉扯出马尾上方的头发，打造出蓬松的感觉

Step 6　从马尾中取出一小束头发环绕扎马尾的橡皮筋

Points　充分利用卷发棒与吹风筒，也能在短时间内打理出有型的短发。

Bob 头

带有轻熟感的Bob头在职场中也是大受欢迎，打理也最为方便。若是每天上班都顶着一成不变的Bob头，自己也会变得枯燥，不如将Bob头进行一番打理，今天的工作日也许适合换个轻松的风格。

纷繁复杂的编发不适合短发造型和职场，在Bob头的一侧做出一个小发圈造型，给人带来小清新的阳光活力感，沉闷的职场一瞬间清爽起来。

Step 1　用卷发棒将Bob头发尾卷出内扣弧度

Step 2　将刘海轻微烫卷，做出空气刘海的效果

Step 3　选出耳侧一小束头发顺时针方向扭转

Step 4　用黑色小发夹将旋转后的小束头发固定

Step 5　再选旁边的一小束头发逆时针方向扭转成发圈与前面的束发汇合

Step 6　用黑色发夹将两束发做成的发圈固定好

Points　选取的束发发量少一些，最好是一小撮头发，这样旋出来的发圈不会太突兀。

三、职场休闲都美翻的 Bob 头

没有哪个发型能像 Bob 头这样有称霸职场、横夺 OL 喜爱的能力，这是因为它的“十八般武艺”！

Bob 头可以根据头发的长短以及打理方法衍生出多款发型，卷的、直的、长的、短的应有尽有，让你上班下班，时髦感从不离开。

百变短发造型

留惯了一成不变的黑长直，不如给自己来个Bob Hair Style，谁说剪了短发就只能留一种发型？让Bob头助你拥有风格鲜明的时尚范。

不是所有的短发都叫 Bob 头

1 发量一定不能少

Bob 头是由蘑菇头演变而来的，所以在发型轮廓上会有圆滑而饱满的弧线，无论哪个角度都能呈现自然曲线。发量一定不能太薄，维持一定的厚重感也是 Bob 头的标准。

如果发量少的姑娘不经常打理的话很容易做出“知青”式的短发造型。做 Bob 头一定要注意发丝不能太服帖。

2 层次感很重要

头发的平均长度维持在下巴与肩膀之间，最初开始流行的前长后短 Bob 头将发型的弧度发挥极致，给人以冷艳的年代感。

太过规整的蘑菇头造型只会做出早期 Bob 假发的效果，要想打造出自然的蓬松效果，在设计 Bob 头时要做出一定的层次感。

3 蓬松轻盈是关键

对于中短发式的 Bob 头，发丝不够饱满的话很容易增加头发本身的重量，整个发型的美感也会垮掉，失去了应有的蓬松感。

这时候就要借助外力，使用卷发棒将垂坠的发丝卷起做出弧度，再使用吹风机吹出空气感，让发丝不会显得太过笨重，Bob 头注重的就是轻盈感。

1
2
3

玩出花样
Bob 头的各种打开方式

Lob、Wob，傻傻分不清楚？其实它们都属于Bob头！Bob头近年来仿佛开了挂，各种掀起时尚风潮的发型均是出自它手，多款由Bob头衍生出的头型，囊括了不同职位、偏好、年龄和社交场合，如果你拿不准哪个发型，以下就是你的最佳范本。

1　不对称 Bob 头

以“三七分”为主，加强视觉上的不对称感。七分侧分的长刘海营造出华丽的飘逸感，也能达到修饰脸形的效果；三分一侧别至耳后打造出干净利落的造型，做出与另一侧发型长度不对称造型。发尾的外翘体现出层次感。

2　齐刘海减龄 Bob 头

带有些许轻薄感的齐刘海减龄效果倍增，可爱减龄的蘑菇 Bob 特别适合刚毕业就入职的实习生、新人们。发尾做出微内扣的效果，不需要烫卷，维持自然的蓬松感更显少女气息。

3　All-back Bob

换上这个发型，就能看见“女强人”的缩影，女人强势起来男同事们都要退下。这样的 Bob 头讲究干净利落，以直发为主，发尾自然垂落不需要烫卷。

4　A 形 Bob 头

大背头式的 Bob 头兼具帅气与知性，若是搭配黑西装的话可是攻气十足！换上这个发型，就能看见“女强人”的缩影，女人强势起来男同事们都要退下。这样的 Bob 头讲究干净利落，以直发为主，发尾自然垂落不需要烫卷。

5　Wob

Wob 是 Wavebob 的缩写，即卷发 Bob 头。烫卷后的头发长度与下巴平行最佳，偏分比起中分更显气质。将头发卷出层次感，出席一些商务社交类的舞会与晚宴，优雅女王非你莫属。

6　Lob

Lob 即 Longbob，中短发的 Bob 头。一度火遍大江南北的 Lob，任性百搭，什么社交场合都能完美控场！直发的 Lob 虽显干练但少了特色，卷发的 Lob 则加上了时髦的 Buff，无论是走 OL 风还是走休闲风都能随意转换。

找对你的 Bob 头
上班做女王，下班做女孩

带你进入上下班随意切换的任意门，上班或下班都能让 Bob 头带你凹出时髦感，将平凡老土的短发丢掉，迎接你的是新一轮的人生巅峰。

适合上班的 Bob 头

若你不喜欢烫发，可以选择自然剪裁的 Bob 头，发尾的不对称造型增添了几分设计感，平时可以将较短的一侧头发别至耳后，清新自然与干净利落的 OL 风比较适合性格安静的姑娘。

将 Bob 头做出轻盈的空气感，打破职场的沉闷诅咒。抛弃原有的圆润发型，将发尾卷出带着轻微折线型的蓬松效果，可爱俏皮的元气 Bob 头为这一天的无趣工作带点活力吧。

直 Bob 可以说是 OL 风的典范，而不对称的设计将职场上的时尚感发挥到极致，发尾卷出知性的弧度，打破强迫症的规整，将一侧头发别至耳后凸显出自信的棱角，你就是职场上的时尚女王。

下班后的休闲 Bob 头

中分的 Bob 头不仅适合职场，也能在下班后继续彰显女人味。太过刻意的卷发反而会显得很 Out，将两边头发卷出随意自然的微卷能够将慵懒的凌乱美向性感靠近。

如果说黑发是成熟的代表，那么为头发染上阳光的奶茶色也能秒变学生妹。侧分的内扣式 Bob 头充满活力，搭配休闲的卫衣或者 T 恤，与闺蜜们一同去压马路吧！

狗啃刘海 + 复古短 Bob= 泰迪 Bob 头。这款萌炸天的 Bob 头是职场新人刷存在感，打造人设的重要武器。将刘海剪至眉毛以上，发尾长度位于耳朵与下巴之间，刘海与发尾都卷出内扣弧度做出小巧的蓬松感。

拒绝懒惰
让你的Bob头二次完美

自然随性的Bob头无时无刻不在凸显女人味，然而上一周刚做好的发型到了这一周已经被摧残得没有形状、乱七八糟，可别顶着个“鸡窝头”去上班，快来学一学打理方法，让你的Bob头再度完美，仅需10分钟就能搞定！

Step 1　将头发分为上下两层

Step 2　用卷发棒将靠近鬓发的一束头发向内卷出弧度

Step 3　留出第一次卷的头发，从后面分出第二束头发向外卷

Step 4　将剩下的头发和上层头发以同样的方式电内卷

Step 5　取出细束的头发避开发尾电卷

Step 6　用手指将卷好的细束头发手动弄卷做出自然弧度

Step 7　将头发分出1:9的比例，用卷发棒将多出来的部分从根部起向内卷

Step 8　用手指拨乱头发的分界线，让头发变得蓬松

四、刘海巧打理，气场会翻倍

刘海就是职业女性的“小能手”！

脸形不好怎么办？用刘海修饰！额头不饱满或太大怎么办？用刘海遮住！

发际线出现问题怎么办？用刘海隐藏！

如果你也是叱咤职场多年的“老江湖”，出道 20 年的宋慧乔可就是你的模范！能够从未脱下“清纯”“气质”这类词，可见刘海有多重要。

没有了刘海是路人，刘海加身则回归神坛。无论是空气刘海，还是八字刘海，都将宋慧乔的美貌与气质提升了不少。

刚出校门，初入职场的你就一定要用齐刘海维持那份“甜美”吗？允儿告诉你，并不尽然！

齐刘海总让人感觉美得没有特色，毫无辨识度。不如换上侧分长刘海，更凸显气质，清纯优雅完美融合。

复古首推
S形刘海复刻魅力

空气刘海如果说是少女感的代表，那么S形刘海绝对是成熟知性女性的象征。将侧分的刘海卷出一个蓬松的S形曲线，就可以轻松演绎举手投足间的小性感和小妩媚，御姐范十足，做职场里的知心大姐姐就靠这款S形刘海。

六步轻松打造法

Step 1

按自己喜好将头发分缝，最好是中分稍微偏一些，比例不要过大

Step 2

头发分层，用小号卷发棒从最里层的头发开始慢慢卷

Step 3

卷好发卷后，用大号的发夹把发卷夹住

Step 4

将所有头发卷好，全部用发夹夹住，等待头发冷却

Step 5

将定型发胶适量地喷在板梳上

Step 6

将发卷全部放下，发梳顺着头发曲卷方向轻梳，额前刘海则反向梳理

气质侧分长刘海 瘦脸的不止 PS

侧分长刘海是遮挡脸部肉肉的重要利器，飘逸的刘海弧度自然不会太贴紧脸颊，蓬松轻盈，改变一下发色会更有气质；侧分刘海同样在中短发造型上很美，可知性可甜美，两边发尾营造出内扣的层次感，让脸形看起来更纤瘦，打造小脸效果。甜美无害，女同事男同事看着都爱。

六步轻松打造法

Step 1

洗完头后，将头发前部往前吹，利用卷梳打造这款刘海

Step 2

将刘海往后梳，然后按个人喜好将刘海分成两边。1:9 或 3:7 最佳

Step 3

分好边后，将发量多的那边头发轻轻往头顶推，增加蓬松度

Step 4

以手为梳子，抓起分边区的头发往发量多的那侧梳，重复梳理 2 ~ 3 次

Step 5

喷上少量定型喷雾，吹风筒冷风吹定型

Step 6

最后整理发尾，做出内扣弧度

大势灵气龙须刘海 修容还显气质

龙须刘海顾名思义就是刘海像龙须一样，额前随意散落两缕发丝，蓬松又有些卷翘。

这款刘海可直可卷，可多可少，是非常修饰脸形的一款刘海，对称十分重要，也讲究空气感。龙须刘海是轻松打造出鹅蛋脸很好的选择，还可调节脸部比例，圆滑棱角。

六步轻松打造法

Step 1

用梳子将全部头发梳理通顺，分好边，准备好一个小号电夹板

Step 2

从前额左侧取出一小束头发，用夹板将头发向内卷

Step 3

前额右侧也一样取出小束头发，向内卷成卷发

Step 4

用手稍稍整理一下前额、脸颊旁边的头发

Step 5

将头发扎起，按喜好扎成马尾或缠成丸子头，前后头发区分开更自然好看

Step 6

最后将左右两边耳垂碎发向外侧卷，稍稍抓散

五、实习生？实力派？刘海让你看起来更像谁？

发型诚可贵，刘海价更高！

放在职场上来说，它也起着关键的作用。

你看起来像是实习生还是实力派？刘海可是很有话语权。

实习生 or 实力派？让刘海来为你一锤定音

实习生

实习派

✕ 厚重齐刘海

蘑菇Bob头本身就比较具有减龄效果，妥妥的实习生发型。再加上厚重的平刘海，老板只会把你划分为“做事不太精明”的那一类！太过密实厚重的齐刘海很容易变成锅盖头，颜值一不小心就down到底了。

✓ 微卷偏分刘海

要想摆脱实习生的稚嫩感，不如换一个刘海，气质完全升级！将刘海做出自然垂卷的效果，三七分的偏分刘海很好地修饰了脸形，相比起厚重的平刘海，偏分刘海给五官更多的透气感，展现迷人与充满实力的一面。

✕ 宽厚斜刘海

毫无特色的黑长直+斜刘海只会给你一个“土气”形象，刻板的人在职场里可尝不到什么好甜头！斜刘海与直发的搭配是典型的清纯发型，容易给人一种不灵光的实习生印象。

✓ 轻薄龙须刘海

要想成为实力派，把你那宽厚的斜刘海放弃，露出额头的龙须刘海更显自信，自信的人走到哪都不会掉链子！轻薄刘海空气感倍增，唯美气息瞬间升值，在职场上就是一副精神干练的实力派形象。

✕ 狗啃空气刘海

有时候不要太强迫自己去剪一款遮住额头的刘海，如果你的额头没有太多缺陷而且很nice，就不要让刘海毁了！狗啃+空气刘海的合体就是残缺的刘海，不要为了流行去尝试，这样只会给人盲目的不好印象。

✓ 偏分直刘海

大胆露出光洁额头的偏分直刘海提升整体气质，同时也能达到修饰脸形的作用。中短发lob头女人味十足，将头发的一侧别至耳后展现出知性优雅的一面。干净利落的形象，从此“实力派”就是你的标签。

✕ 中分直刘海

中分直刘海如果太服帖很容易造成将脸拉长的视觉效果，再搭配上半卷的长发，不仅没有气质，也不具备活力感，送你几个词“死板”“老气”“没新意”，拿走不谢！

✓ 偏分长刘海

偏分长刘海与lob头可以说是绝配了，不仅能打造出知性优雅的气质范，一看就是职场里的“女精英”！将一侧头发别至耳后将你完美的侧脸展现出来，迷人的气场为你的实力增加不少筹码！

别碰！
职场里的刘海“尬区”

在杂志或者电视上看到的那些时髦刘海不一定适合职场，有时候只会带来更多的尴尬。了解职场上的刘海尬区，别让错误的刘海坑了你自己，在职场中你的颜值虽然重要，但是气质更能决定你是否能成为实力派。

✕ **厚重锅盖刘海**

锅盖刘海也就是刘海的厚实与平滑度像锅盖一样，这样的刘海缺少自然的空气感与轻盈度，别把你的“沉闷”感带来职场，对你没好处的！

✕ **细碎空气刘海**

将刘海打得太薄又细碎，头发油了很容易贴在一起变成“三毛”刘海，不想被人笑话的话就要尽量避免这种空气刘海的误区！没有打理过的薄刘海还是不要出门了。

✕ **“卷条”刘海**

喜欢洋娃娃式的“卷条”刘海也不能将它带到职场里，年轻人能接受，你有考虑过那些比你年长的领导的感受吗？他们心里想：“这是什么？”千万别在职场里挑战上级的忍耐度。

✕ **随性狗啃刘海**

不要为了跟随潮流去尝试狗啃刘海，狗啃刘海给人特立独行、随性的感觉，在职场中也只会给人留下不修边幅的印象，从此最吃亏的就是你。

✕ **油腻服帖刘海**

刘海油腻紧贴额头这是每个姑娘都会碰到的困扰，若是顶着这样的刘海去上班让别人觉得你很多天没洗头，招来嫌弃的眼光，我都替你尴尬！

✕ **颓废遮眼刘海**

若是刘海已经长到超过了眼睛，就需要及时修剪，遮眼的刘海不仅让自己不舒服，还挡了自己的视线，确定不会影响工作效率吗？老板都替你着急！

学会打理！才不吃刘海的颜值亏

空气刘海打理

去剪了火遍大江南北的空气刘海，隔天就挂掉了？那是因为你不知道怎么打理空气刘海！空气刘海不是永久性的，只有勤于打理才能让颜值的耐久度不往下掉。

简单的几个打理步骤不需要耗费很多时间，就能让你的刘海重新轻盈起来。

Step 1 将刘海分为三个部分，用手指抓出刘海中间一小束头发

Step 2 用平板夹将这一小束刘海从发根向内夹至发尾，形成 C 字弧度

Step 3 接着用卷发棒呈倾斜状将剩下两侧的刘海弄卷

Step 4 用手指轻轻打理卷好的刘海，将两侧的刘海向后轻拨

Step 5 使用定型喷雾为刘海定型，保持卷度

薄刘海打理

比空气刘海更具备空气感的则是薄刘海，将刘海的厚重感完全抽离，打造出超轻盈的刘海。

想要让自己的刘海更加清爽，不妨试试小清新薄刘海，打理起来也十分简单，几个小步骤就教你剪出薄刘海。

Step 1 用梳子从前面梳出一小束头发，发量不能太多

Step 2 将小束头发梳通，一只手固定住小束头发，另一只手拿剪刀 从眉毛下方位置剪掉

Step 3 用剪刀将刘海发尾打薄

Step 4 用卷发棒将薄刘海轻轻烫卷，打造空气感

Step 5 使用定型喷雾将薄刘海定型

长刘海打理

刘海长了又不想剪掉怎么办？在这个刘海长的尴尬时期，想要重回颜值巅峰，还得靠双巧手来打理你的长刘海。

将前额的刘海编织成一条发辫就能带你脱离长刘海的苦恼，还能让发型充满个性。

Step 1　在前额刘海中取出一小束头发，分为 ABC 三个部分

Step 2　然后开始编发，将 A 发束与 B 发束交叉

Step 3　将 C 发束叠在 A 发束上，到 B 发束一侧

Step 4　从旁边的刘海取出一小束头发 D，让 B 发束与 D 发束结合在一起

Step 5　把 B 和 D 发束叠在 C 发束上面，往 A 发束方向。之后再重复同样的步骤编织刘海，编到太阳穴的位置用黑色小发夹固定好。最好抓弄一下头发做出蓬松感

中分刘海打理

中分的刘海长长了或者是觉得不够清爽，可以选择将刘海编发，简单而不复杂的编发能让发型瞬间时髦起来，动动双手就能改变自己平日里的固定形象，简约小清新编发走起来。

Step 1　取出刘海和侧边的头发扭转到耳朵的位置，注意在侧边留下些碎发

Step 2　在旋转好的刘海末端用橡皮筋扎起来从眉毛下方位置剪掉

Step 3　将另外一侧的刘海也按第一步扭转，把两条扭转好的发束绕 到背面交叉，用黑色发夹固定

Step 4　用黑色发夹将两条扭转的发束固定好，用手轻轻拉扯两束发的发丝，营造蓬松感

Step 5　使用卷发棒将发尾卷出内扣

Step 6　最后用吹风机吹发尾，做出空气感

六、每个上班族都希望私藏的头发打理高效工具

作为合格的职场人，头可断，血可流，发型一定不能乱！

打扮得再漂亮，也很容易毁在了头发上。

不想早起，又想快速出门 ，有了这些打理头发的高效好物，多睡 5 分钟不是梦。

KOA 花王 Liese 轻漾卷发定型泡沫

Mamonde 梦妆 花运扑扑发际线粉

Schwarzkopf 施华蔻 魔力哑色质感造型粉

Aosier 奥丝儿 无痕隐形假发片

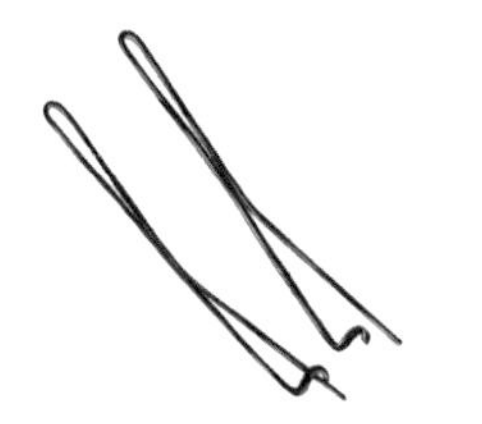

KAI 贝印 无痕钢丝黑色一字发夹

1　弹力持久魅力无限

有没有遇到这样的问题：刚卷好的头发出门没走两步就直了，造型不复存在。不妨试一试专门为卷发研制的定型产品，把定型泡沫抹在卷发上抓揉30秒左右，就可以轻松打造出持久卷曲的蓬松卷发，让魅力无限延长，上班8小时也不用担心造型问题。

2　“发际线”救星

有时候，由于头发自身生长的问题，发际线不平整的人很容易被误会为“秃头”“脱发”，如何化解这样的尴尬呢？这时就可以使用带粉扑的发际线修饰粉填补发际线缺口，只需要在化妆的时候轻轻一扑，即可修饰出平整的发际线，省时又高效，完美击碎尴尬误解。

3　不用吹也能有蓬松秀发

班前时间那么宝贵，用吹风筒吹出蓬松感太耗时间了！可以取适量的蓬蓬粉于掌心并将其揉合，直接应用在干发上，就能抓出雾面的造型，也可以直接抹在发根打造蓬松的发量感，快捷又清爽，头发稀、头发易塌瘪的上班族绝对不可错过！

4　实力增发量

如果市面上各种蓬松产品都不能拯救你的发量，你可以直接试试假发片！发片比整顶假发更自然，扣在头发内层就能打造丰厚发量效果。建议在购买时选择可以卷烫的材质，便于解锁更多造型。

5　扔掉普通小钢夹

利落的上班族当然不允许头发凌乱邋遢，用一些小发夹固定住不听话的发丝非常有必要，选择一些特别设计的无痕发夹，比普通发夹能夹得更牢固，避免发丝滑落，还能保护头发不受损。

1
2
3
4
5

Panasonic
松下 卷直两用美发器

6　吹发造型一步到位

在上班前的准备过程中，每分每秒都很珍贵，要以高效的节奏来完成，微卷的蓬松发型更能展现上班族的精神朝气，推荐带吹风干发功能的造型器，既能吹干湿润的头发，同时还能打理出自然的卷度，吹发造型一步到位。

Innisfree
悦诗风吟 山茶花发蜡棒

7　摆平恼人小碎发

每次洗完头发，头顶就会肆意“炸毛”，如此毛毛躁躁的样子不符合稳重上班族的气质！推荐使用碎发整理棒抚平竖起来的小碎发。将膏体旋转出来，直接在需要调整的碎发表面轻轻推顺，就可以随时调整恼人的碎发，让发型更完美。

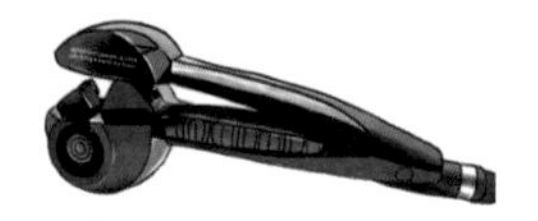

BaByliss PRO
全自动卷发器

8　卷发神器

使用电卷棒太麻烦？卷烫时间太久？手残星人也想要卷发，打理起来并不容易。为了提高做发型的效率，在保持头发干燥并梳顺的前提下，选择自动电卷棒为自己打理造型，全方面为你自动化，你只需要一按按钮，卷发造型立马出来，方便省事，手残星人不可错过。

Shiseido
资生堂 Fressy 免水洗发喷雾

9　快速解决头发油腻问题

加班太晚没时间洗头？第二天早上起晚了来不及清理头发？快为自己准备一瓶免水洗喷雾吧。将喷雾喷于头发上，2 分钟恢复发丝的清爽飘逸，时刻保持蓬松的头发，不仅有利于发型的打造，还能保持仪表的时刻整洁，更符合上班族的需要。

L'OREAL PARIS
巴黎欧莱雅 奇焕润发精油

10　一抹柔光水亮

头发营养不良也会造成人样貌的萎靡，暗淡枯槁的头发让人的亲和力大大扣分。健康的秀发应该是自然油亮顺滑飘逸的，头发清洗之后可以用一些护发精华，将精华置于手心，双手搓揉发热再抹上发梢，秀发就能更飘逸亮滑。

6
7
8
9
10

11 不插电的蓬松刘海

铁板刘海请告别上班时间，蓬松的刘海才是正确的选项！电夹板制造空气刘海有风险，手残星人下手需谨慎！塑料卷发筒卷出的弧度比电夹板更自然，失误概率较小，更不会损伤发质，开车或者乘车的时候使用，进入办公室前取下，自然的刘海弧度立马呈现。

12 告别铁板油头

做发型花了几个小时，弄乱只要一秒钟，定型产品又太油腻，不想用手直接接触？那就选择定型喷雾，与发胶、发蜡不同，定型喷雾不会让你的发质变得硬邦邦，反而蓬松自然又飘逸。使用时在距离头部 15 ~ 20 厘米喷一喷，节省了时间还能让造型更出色。

13 在家享受美发沙龙

要想保持头发的顺滑柔亮，用再多的护发品也比不上换一个负离子吹风机！负离子能使头发柔顺，保持水分，让毛糙发质告别打结、脱发问题。吹发时风筒方向要与发尾一致，这样能使秀发减少伤害更顺滑。发质健康顺滑，才能肆意做造型！

14 理顺三千烦恼丝

利落职场人最不能忍受头发被风吹乱了！大风过后伴随着打结、凌乱等问题，这可苦恼了众多长发女孩，可以将一把便携美发梳放在包内，随时随地梳理秀发，获得专利技术的梳齿设计能轻松挑开乱发，梳解打结发团，并能按摩头部舒缓烦躁的心情。

Uplus 优家魔术自粘卷发筒

KOA 花王 Cape 轻盈立体热感喷雾

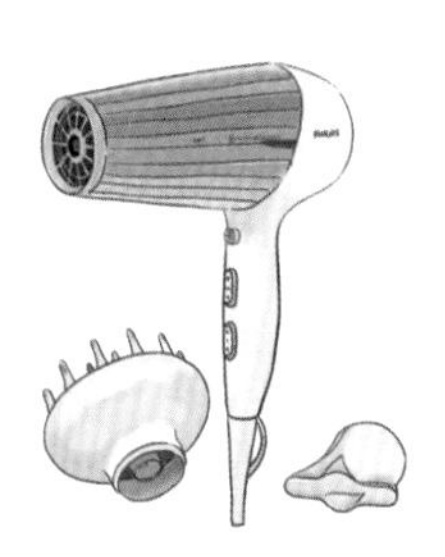

PHILIPS 飞利浦
HP8280 奢宠锁水系列吹风机

Panasonic Tangle Teezer
便携按摩美发梳

11
12
13
14

第5章

气质提升篇

穿衣打扮，多的是细节决定的事

一、给全身增值1万元的丝巾搭配法

二、你也许忽略过的鞋跟礼仪

三、“恰到好处”的珠宝运用学

四、初入职场的第一块表应该买什么样的？

五、职场新人注意：好好用香，杜绝气味性扫描

六、轻奢还是真奢？第一款豪包从哪里入手？

七、告别校园穿衣模式才是真正的“入职”

一、给全身增值 1 万元的丝巾搭配法

职场中再无男女强弱之分，男性有必备的领带，对职场女性来说，丝巾就如同一条“领带”的作用。

它是突显女性丝巾魅力的好物，更是时尚点缀的标配，立个 Flag，只要学会一条丝巾的万能搭配，分分钟让你成为办公室里的“时髦精”！

职场标配单品
一条丝巾完美控场

上班族来来去去就爱买那几件基础单品，无论再怎么简单、大众，没有一条丝巾解决不了的问题，如果有，就多来几种不同的绑法。

1
2
3
4

1 丝巾 + T 恤

T 恤绝对是各大上班族的“心头爱”，你可能试着拿 T 恤进行过各种搭配，但估计你从没有想过一条丝巾才是最高级的方法！简单随意绑在颈脖间，基本款 T 恤怎么看都不基础了，男同事看到的是满满时髦女人味，女同事看到的是“这个穿法我 get 到了”。

2 丝巾 + 白衬衫

无论什么职业，白衬衫都是最大王牌，可别把这张好牌打得“稀巴烂”！如果你非要选择普通款式的白衬衫，那就用丝巾来拯救你的“呆板”吧。白衬衫好在简洁，无论搭配什么颜色或图案的丝巾都可以，绑出不同的花样就能有不同的风格，一件衬衫的可能性跟你的工作一样大！

3 丝巾 + 西装

西装作为职场里的默认套装，也是简单利落的默认风格之一，但也很容易让同事们觉得这个太盛气凌人，想要做“职场女王”但也无须刻意宣战。一条丝巾就能适当地平衡这种气场，长丝巾同样能让你走路生风，却没有傲气，短丝巾彰显优雅腔调。

4 丝巾 + 风衣

风衣外套一定是职场女性的优先选择，风衣常见都是卡其色、黑色为多，这些颜色并不出挑，丝巾才能点亮整个造型。如果是宽松休闲的风衣，随意搭在脖子上也十分率性，如果是紧身的风衣，就要系得规整一些才显精致。

丝巾高阶玩法
给办公室来点时髦 style

配饰这么多，丝巾绝对有的是办法让你变得与众不同，也有许多玩法让你整个造型爆表！办公室里“最会穿衣服”的头衔，安心收下！

1　丝巾“穿”身上

丝巾的面积这么大，也不能浪费了它的用意——把它穿在身上！这时候就需要一条腰带帮忙，将丝巾搭在脖子上或者肩膀上，让腰带将丝巾固定在腰间，电影里的“摩登上班族”走进了现实！

2　丝巾“戴”头上

如果你觉得穿在身上怕驾驭不了，那可以把它戴在头上，秒变“法式女郎”，这种方法搭配裙装才更完美，如果能选择和裙子一样元素的丝巾，那就美得让人心服口服了。

3　丝巾变首饰

可以当作是配饰绑在手腕上，无论你是高街休闲装，还是女人味裙装，都能让整个造型看上去柔情许多，为了效果更好，选择颜色明亮图案鲜艳的小丝巾最好不过啦。

4　还可以变腰带

丝巾万能到没有什么是它做不到的，它还能变成一条腰带，没有什么门道和技巧，全凭你的喜爱，只需要简简单单的打个蝴蝶结就可以。

5　变成包包的配饰

大 size 的包包一定是“公务缠身”女性的最爱，装得了文件也一定装得了时尚，作为身边最大件的配饰，不妨让丝巾把它变成另一个时髦担当！无论是缠在包带上，还是系在扣上，吸睛的使命交给包包就可以了。

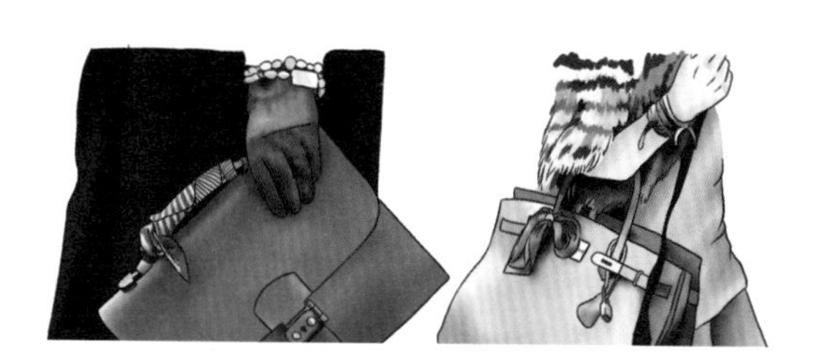

二、你也许忽略过的鞋跟礼仪

步入职场深似海，无论是资深的高级白领还是刚入职的应届毕业生，鞋跟礼仪都是需要学习的一门必修课！

在职场女性的日常通勤装搭配中，高跟鞋绝对占据着很重要的角色，它能为整体搭配起到画龙点睛的作用。

作为office lady的你，请像选男友一样严格挑选合适上班的高跟鞋。

这些鞋跟礼仪
请放到你的职场须知里

作为办公室 OL 的你需要一双高跟鞋，它能带你登上你想要的职位。在办公室里，这些鞋跟礼仪你必须知道。

选择合适的鞋跟高度

别天真地以为职业女性只需在办公室里安静地坐着就可以了，快节奏、高强度的工作让 Office Lady 要频繁地穿梭于工作间和会议室等各个场合，而鞋跟过高势必会影响舒适度！一双适合穿去上班的高跟鞋高度建议在 4 ~ 8 厘米，既有了挺拔感，也不会让同事觉得有压迫感，最主要是不会让双脚太过受罪。

鞋面的裸露面积要熟知

在严肃的工作场合，高跟鞋的鞋面裸露面积也是需要注意的。露出脚趾的鞋款无疑会令你的公众形象大打折扣！包头鞋是你职业搭配的最佳选择，合理适当的鞋款可以展现你的专业形象。

钟情真皮材质

一双高品质的高跟鞋，会让你更加自信。真皮鞋吸汗、透气，且曲张度好，能给脚部足够的呼吸空间，穿起来舒适自在，看起来也非常有质感！能减少因在办公室来回奔走带来的脚部疲累。

保持鞋面的干净

鞋面的干净程度能看出一个人的生活态度，时刻保持你整体的最佳状态，老板看到你才会放心把重任交给你！

鞋柜里的职场毁灭原子弹

如果你鞋柜里藏着以下 8 款鞋子，请立刻扔进垃圾桶里，保证不让它们踏进公司半步！

✕ 1　细跟制造的噪音，会引来同事对你的不满，制造不必要的麻烦。重点是透明的防水台、鞋面，一点都不高级。

✕ 2　这种袜子高跟鞋，与你知性干练的气质背道而驰，请让它远离职场。

✕ 3　去上班不是去刺杀敌军，铆钉不小心误伤大 BOSS，你明天就不用来上班了。

✕ 4　不要防水台！不要防水台！不要防水台！重要的事说三遍！这种 Blingbling 的鞋面款式，请直接放弃，因为这是职场不是舞台。

✕ 5　高跟与运动元素的混搭，这种时尚不是所有人都能接受的。在办公室里想知性又运动潇洒？这款鞋子并不能体现。

✕ 6　穿银色亮皮高跟鞋去上班，是想低头照镜子吗？

✕ 7　豹纹虽为性感的时尚元素，但是太浮夸不适用于职场，办公室里只会议论你。

✕ 8　蕾丝鱼嘴高跟鞋，看起来价格低于 50 元。Low 到爆炸！

不同的职业场合
搭配不同的高跟鞋

高跟鞋是天使也是恶魔，不要把不适宜的搭配误以为是时尚，无论是职场白骨精还是职场小白菜，正确选择高跟鞋是成为职场女王的第一步。

1 日常通勤

在日常通勤搭配里，一双尖头裸色高跟鞋是很有必要的。它能修饰脚踝，让双脚显得纤细。这双高跟鞋不需要太高，3 ~ 6 厘米最适宜。既舒适又商务，还时髦得要命！一双舒适而美好的高跟鞋能让你在职场道路上通行无阻。

2 会议提案

在会议室里，再完美的一身套装也需要一双黑色的细跟高跟鞋来提升你的话语权，它不仅干练又显得女人味十足。你可以大胆自信的在会议上阐述自己的论点，旁人并不会看不起你，因为穿上黑色细跟高跟鞋，你就是会议室里的女王！

3 差旅出行

出差总是要到处奔波，这个时候你就要放下那双细跟高跟鞋，可以选择一双鞋跟较低的粗跟鞋或者是猫跟鞋，鞋跟大约在 3 ~ 5 厘米之间。这种高度的鞋子既可以让你既满足对鞋舒适度的需求，也能让你在职场中游刃有余，何乐而不为？就算出差，你也可以很 Chic！

4 重要宴请

在这种重要宴会场合里，更要严谨挑选高跟鞋，这里才是最激烈的战场。想要在莺莺燕燕、花花蝴蝶里脱颖而出？这个时候不需要顾及你在办公室里的严谨形象，你现在代表的是公司的形象，可以挑选一双款式更为大胆的高跟鞋，你就是 Party Queen！让同行臣服于你的鞋跟之下！

1 | 2 | 3 | 4

三、“恰到好处”的珠宝运用学

身处职场，越来越多的上班族注重自己的形象，穿衣仅是基础，珠宝才是神助攻。

学会正确运用珠宝，就能证明你为人有没有“眼力见”。

记住，无论是工作还是穿搭，恰到好处才是职场中真正的生存法则！

切勿“超车”绕过“弯路”

1　珠宝切勿超越上级

珠宝是许多女性乐于投资的物件，它彰显价值和品味，上百块还是上万块的珠宝在其他场合你可随意炫，但在职场里，千万别为了秀出它们的“价值”而“无下限”！选择的首饰价值最好不要超越你的上级，比如闪耀的钻石、价值贵重的首饰，这种“功高盖主”能力只会让你上级觉得你太抢风头，得罪了上级日子可不怎么好受。

2　“首饰叮当响”率先出局

安静的公司里，没人会喜欢“制造噪音”的人。办公室本身就是办公的地方，安静的环境才能让同事们高效工作，配饰相互之间的碰撞或者打字等动作都会导致配饰发出声响，“叮叮当当”的噪音影响同事工作，只会招来无数“白眼”和“叹气”。

3　在办公室浮夸就是奇葩

办公室文化一直都比较保守，没有统一着装标准是最大让步，这并不代表能得寸进尺，怎么穿戴都可以。老板也能理解私生活可以浮夸、可以个性，但是公司不是展示个性的地方，毫无尺度的浮夸配饰有损办公室礼仪，也很容易被同事称呼为“奇葩”！

4　各种首饰齐上阵

配饰多不是你的错，一次性都戴上那就是你的错了！总共就两只手，佩戴出十几件首饰，是要炫富，还是在秀叠搭时髦？统统不是，炫出来的只有“傻气”。一般情况下，首饰在 3 件以下是最安全的，配饰过多叠搭会怠慢工作，也会让整个造型显得用力过猛。

1 | 2 | 3 | 4

珠宝选择的“安全范围”

1 珍珠保你零失误

珍珠绝对是最符合女性气质和魅力的珠宝，温润的光泽不会超越任何界限，彰显出的就是你的不强势，温柔款款，给你的好人缘加分。

珍珠就像是服装界的“T 恤”，如果有一天你在梳妆台做不出任何决定，珍珠绝对可以保你零失误。

2 恰到好处简约至上

“简约”就是一种生活理念，这种观念也要贯彻在职场穿搭上，精致主义才是所有职场女性的一致追求，简约就是恰到好处的一种精致！

如果你是职场菜鸟，选择清新素雅风的首饰最加分，如果你是职场精英，利落干练风的首饰就是一种品位的展现。

3　披着“首饰外套”的腕表

如果在首饰珠宝上实在拿不定主意，把腕表当作“珠宝”佩戴，也是一种高级有腔调的穿搭法则，职业女性选择佩戴腕表是最加分的，能展现专业且很有时间观念。

在腕表的款式上可以选择一些有着“首饰”外观的腕表，带在手腕上又能彰显品味，还能避免工作上的迟缓。

4　银色、玫瑰金色要优于黄金

黄金珠宝一般是老阿姨的挚爱，黄金珠宝虽然看着很土豪，但首先被看到的还是“土”！

放弃吧，年轻上班族还是老老实实选择银色系或者玫瑰金色系的首饰为好，银色经典高雅，玫瑰金柔和时尚，这才是首饰的正确打开方式。

四、初入职场的第一块表应该买什么样的?

如果你实在不知道初入职场该戴一些什么配饰,极具职场属性的腕表一定能无形地给你加分!

彰显品位和成熟,提升自信和气场,更提醒你的上级和同事你是一个有“时间观念”“靠谱”的人。

但是怎么选腕表款式,你也得懂点门路。

腕表搭配大拷问 Q & A

Q1：各种肤色的人如何选择合适的腕表？

A：对于皮肤较白皙的人来说许多色调都可以作为腕表的基本色。而肤色较黑的人就不应该选择粉红或浅绿作为基本色的腕表，这样会使肤色显得更加黑。如果肤色偏黑甚至暗褐，应该拒绝咖啡色的腕表，优先选择明亮颜色的腕表来达到提亮效果。

Q2：不同体形的人应该如何选择合适的腕表？

A：体形往往会决定一个人的气质，所以考虑体形就是考虑气质。体形高大的人应该选择大表盘的手表，而体形较小的人应该选择表盘较薄小一些的表款，一般体形的人就比较容易选择，选择大表款可以增强气场，而小表款则可以显得谦逊内敛一些。

Q3：初入职场应该选择怎样的腕表为自己的形象加分？

A：初入职场的员工需要的是展现个性但又要控制不能太锋芒毕露，腕表不能太高调，高于上司你可能是在“挑衅”上司。设计极简和冷色调的腕表款式很适合职场新人塑造严谨、认真的工作形象。

Points

1. 不同年龄段的女性对时髦的观念也不相同，所以尽量选择经典、简洁、精准的款式，是接受度最高的。
2. 戴在手上会叮当作响的材质，绝对不适用于职场！

给腕表一些穿搭范本！

腕表与服饰的合理搭配显得尤为重要，恰到好处的搭配能够大大提升服饰与腕表的观赏价值，你的品位乘以两倍，何乐而不为？

1 通勤风

建议场合：公司、单位等

格纹上衣和白色休闲裤气质大方，灰色与白色的配色经典而不会落俗。搭配设计极简且利落的腕表，适合打造出白领女性大方利落的形象，穿出上班族自信、得体的气质，作为职场新人的你，一组通勤上班的搭配组合，简洁的风格虽然没那么起眼，但最不会出错！

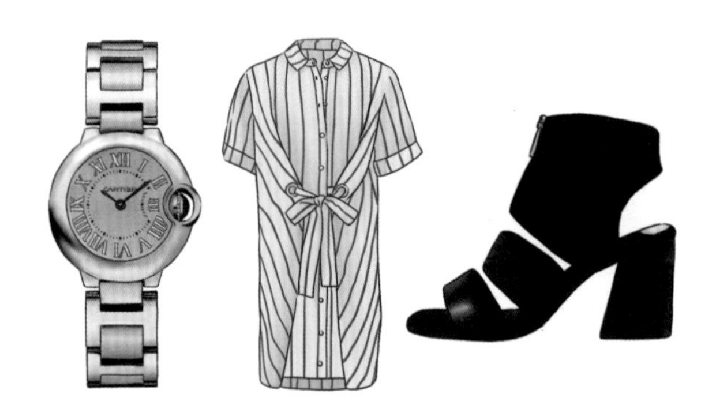

2 高档风

建议场合：商务洽谈等

条纹束腰连衣裙将身形与气质都提升了一个 level，黑色的高跟鞋添加了些许成熟的女人味。搭配设计简约的腕表，表盘的粉色突出甜美清新的形象。在商务洽谈的场合，应当选择一款能够提升身份价值感的腕表凸显高档的气质，也能让自己在与客户交流时更为自信。

1 Cluse La Vedette 系列女士手表
2 Olivia Burton 女士手表
3 Olivia Burton 女士手表
4 Olivia burton Wonderland 系列女士手表
5 Triwa Ivory Klinga 系列女士手表
6 Triwa Lansen Rose Gold 女士手表

五、职场新人注意：好好用香，杜绝气味性骚扰

对职场女性来说，散发于外的气味，就是一件无形的外衣，不做修饰的体味、夏天的汗味、滥用的香水味都会构成对别人的气味性骚扰，是大大的“不敬”！

职场新人们，拒绝气味性骚扰，是你初入职场的必修课之一。

香是一个人的细节体现

气味对每个人来说，也是另一种意义上的名片。对职场新人的你来说，初次见面就是在给别人发你的“名片”，可别让你的气味在这个环节出错。

女性的大汗腺比男性更发达，稍微不注意就会产生异味，尤其是在尴尬的生理期。而香水在这时俨然成为了另一种意义上的外衣，你值得拥有。

闻香识人，每个人的体质不同，对香水的反应也会不一样，但无论什么香味，味道过浓都会让人反感。香水的味道因人而异，性别、皮肤或是饮食习惯都会影响着香水的味道，这也是新人的个性体现。

职场新人衣着打扮有许多讲究，香水亦是。在职场中，香水可以提升一个人的魅力，但若是使用不当，则会给他人造成气味性骚扰，不仅让人形象减分，社交关系也会受到影响。

Points　喷香水的理想部位在不明显之处。香水中的物质若是与长波紫外线结合，易导致皮肤过敏，所以将香水抹在耳后，可以避免日光的暴晒。女性的后颈性感又优雅，同时也是香气最浓郁的部位。

职场新人使用香水前的必知学问 Q & A

Q1：香水用量多少才算合适？淡香喷多了会变成浓香吗？

A：当有人向你靠近时才闻到的香味才是最佳用量，在购置新香水的时候是最适合找到最佳用量的时机。即使是淡香也不能喷太多，喷多只会适得其反。小小的办公室都是你的香水味，这样未免也太“霸道了”。若喷洒过多，可使用化妆棉擦拭过浓部位，或是擦些无味乳液减少香气散发。

Q2：香水会变质吗？

A：香水若是处于温度高于 24 摄氏度的环境香味会变得更加浓烈，闻起来很不舒服，在光照下或是放置太久还会发生变色。如果香水颜色呈现浑浊，则是变质了，无法再使用。将香水置于温差不大的阴凉处可避免变质变味。

Q3：香水一般喷在身体哪个部位比较合适？

A：手腕或是手肘内侧，腿部、膝盖或是脚踝内侧也是喷香水的理想部位，但若是不喜欢太集中的香气，可以尝试将香水拿高 45 度从上而下轻轻喷洒，让香味均匀、淡淡地撒满全身。清新舒爽的香味淡淡相伴，心情也会变得愉悦，让优雅随身。

Q4：身体哪些部位不适合喷香水？

A：腋下和头发是最不能喷香水的部位，腋下易产生异味，头发易产生油分，与香水混合只会产生更严重的异味，这种异味是最令人反感的，会对他人造成气味性骚扰。香水用法错误也容易影响别人的工作心情。

Q5：怎样才能让香味更持久？

A：皮肤的温度影响着香水的味道，若是温度变高则会加快香水的蒸发。对于香水来说，喷在滋润的肌肤上比干燥肌肤更能保持香味。为了让香水味持久，在喷香水之前，使用无味或是同香调的乳液让肌肤保持滋润。

Points　记住了一个人的香味，也就记住了她的魅力，香水就是有这样的魔力让人着迷。但是香水不仅限于一种香味，浓香易给人带来不适，对香气敏感的人可以选择花香型或是柑橘型香水，在职场中也可以选择水系香水、中性香水，别让过度的烦恼影响你和他人。

香氛场合建议

场合：日常通勤
适用香氛：花草木系香调

1 ANNASUI 安娜苏波希米亚浪漫之星香水
2 Esteelauder 雅诗兰黛缪斯淡香氛风尚格调
3 Esteelauder 雅诗兰黛摩登都市淡香氛
4 GUCCI 古驰竹韵女士淡香水
5 Guerlain 娇兰花草水语淡香水
6 Jo Malone 祖马龙黑雪松与杜松香水

以香草、雪松等花草木香调的清新自然淡香更适合日常通勤，相比起花香调的温情娇柔，草木系的香水更能体现职场女性的独立、摩登个性。

在日常通勤的场合下，香水不宜喷在表面或太明显的部位，可以选择手腕或者腰部这些隐藏部位，自然淡雅的香气更适合职场新人的低调气质。

场合：重要会议、商务提案等
适用香氛：水系、海洋香调

1 DIOR 迪奥沙丘香水
2 Hermes 爱马仕蓝色橘彩星光
3 ISSEY MIYAKE 三宅一生 一生之水香水
4 Jo Malone 祖马龙鼠尾草与海盐香水
5 KENZO 高田贤三水之恋淡香水
6 Vivinevo 维维尼奥驾驭女士香水

在公司的重要会议或者是重要提案等场合，属于密闭的空间，因为人多并且近距离谈话的机会较多，所以选择清淡的水系香水更能体现思维冷静与流畅感性的气息，而且水系香水接近中性香水，更有气场。

香气淡到只有你身旁的人能闻到最好。可以选择将香水喷在脚踝、膝盖等部位，让香味更持久自然。

香氛场合建议

场合：商务差旅
适用香氛：柑橘香调、甘苔、西普香调等

1 BVLGARI 宝格丽水漾夜茉莉淡香水
2 Esteelauder 雅诗兰黛清新如风淡香氛
3 Guerlain 娇兰爱朵淡香水
4 Jo Malone 祖马龙青柠罗勒与柑橘香水
5 PRADA 普拉达卡迪小姐淡香水
6 SISLEY 缘月香水

商务差旅的场合一般都是在户外，长途的劳累奔波使人困倦疲惫，所以选择能够提神、具备活力的柑橘、甘苔香调等香水，清新的淡香可以让人更有生机与活力。可以喷在耳后、颈背与脚踝这些部位，让香气若有若无地蔓延，行路时自己与他人都能感受到清新淡香，心情也会愉悦起来。

场合：公司晚宴、商务酒会
适用香氛：晚香玉、玫瑰等花香调

1 DIOR 迪奥魅惑淡香水
2 Esteelauder 雅诗兰黛缪斯淡香氛粉漾柔情
3 GIVENCHY 纪梵希都市新贵花意淡香水
4 Lancome 兰蔻殿堂香水家族
5 Lancome 兰蔻珍爱午夜玫瑰香水
6 SISLEY 夜幽情怀香水

公司晚宴、舞会等场合选择能展现轻熟气质的香水，如更显优雅与浪漫的晚香玉、玫瑰等花香调香水。但是切记不要选择动物香、麝香等香水，这样的香水香味浓郁，且散发的气息会带有性暗示，这是不适合商务酒会场合的，你并不是猎艳的女性。

因为晚宴是多人聚集的场合，所以香水也以淡香为宜，可以喷在脚踝内侧或裙摆等会摇动的部位，让香气随着你的走动摇曳生香。

六、轻奢还是真奢？
第一款豪包从哪里入手？

都说“包治百病”！身处职场女性也不例外，“包治职场病”，一些工作文件、化妆品等重要东西离不开它的帮助。

想要投资到一款正确的包包，就要把钱花在刀刃上，好好斟酌！

棱角分明的矩形手提包也可当单肩包使用，皮质硬挺有型，别具自在的定型之美。简约款式反而凸显大气格调，搭配干练利落的服饰，通勤、约会都 OK。

职场女性应该以精明、干练的商务形象示人，选择棱角分明的包包与简约的服饰，彰显女性的柔美气质以及潇洒的率性。

复古经典款式的手袋在职场女性之间也十分流行，简约明朗，更具有工作属性。带有职场中应有的低调感。

里层与外层的撞色设计又将文件袋原本的枯燥单调打破，赋予全新的时尚色彩。搭配中性风的白衬衫与七分裤，女性也可以成为帅气干练的职场精英。

包袋搭配大拷问 Q & A

Q1：如何避免撞包？撞包了怎么办？

A：撞衫撞鞋已经足够尴尬，再撞个包岂不是更可怕！包包的款式有限，撞包难以避免，在买包的时候可以根据自身情况来提高包包的档次，买一些轻奢品来减小撞包的概率，也可以用个性化的装饰来点缀包包。选择包包配饰、挂件、贴皮、丝巾等小物件，让它脱颖而出成为独一无二只属于自己的包包，即使撞包也没在怕的！

Q2：购买一个包袋，时尚款型的包袋能不能兼顾职场通勤？

A：每次购入一个包袋，首先应该周全考虑、平衡考量，才能理智消费，避免以后后悔；其次要考虑的是这只包包的颜色和款式，是否与自己相配，是否能和自己的着装风格相搭配，避免买到与自己日常着装大相径庭的包袋；最后，时尚款型的包袋也能兼顾职场通勤，只要款式不过分夸张，多方考虑包包的质感、五金、大小容量以及自己的使用习惯，通勤风或者时尚感都能随意切换。

Q3：显过时的包袋，该怎么让它“焕然一新”？

A：上一季购买的包包在这一季略显过时。雪藏或者丢弃它们都太可惜，其实只需稍加点缀就能够焕然一新。可以注意观察今年的流行色或流行元素，购买带有这些元素的配饰，例如丝巾、挂坠等小挂饰，点缀在包包上，又能让包包再次成为新款。购买基础款、经典款，根据当季流行元素进行改造可以避免“过时”包包。

Q4：职场女性应该购买怎样的包包既实用又能提升品质？

A：和其他场合的包包相比，职场女性的包袋更加注重款式的简约以及不可忽视的功能性，毕竟包包里还是要装下工作资料的。总体来说，职场女性购买的包袋应该尽量挑选低调的经典款式，手提包比侧背包更为合适；避免颜色过于鲜艳幼稚的颜色和图案，粉色系和卡通图案是不可取的。低调而有品味的包袋能提升女性的职场气场，更显稳重与优雅。

Points

1. 购买包袋，不仅要注重款式、颜色等，还需要注重五金件的品质。耐用程度与细节的考量都体现在五金件上，五金件的精致程度也是一个品位的体现。
2. 包袋上若是有小污渍，可以蘸取少许风油精擦拭清理，大面积的脏污应该拿到专门的箱包皮具护理店清洁保养。皮质包袋应避免长时间使用，会造成皮具磨损，影响使用寿命和皮质品相。

包袋这样搭

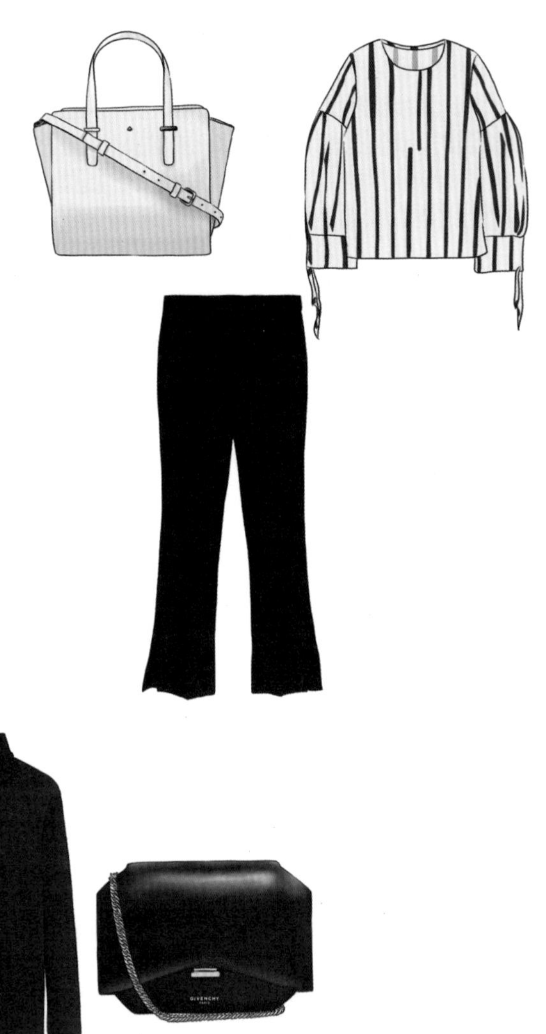

搭配组合 1：职场大 Size 包袋

大 Size 包袋是职场中最常见的包包，大容量的包包自然会具备多功能性。

黑白配色是日常通勤的经典款，简约的白色搭配经典条纹上衣与黑色飘逸长裤，上衣的泡泡袖设计与简约条纹给整体风格增添了小清新的气息。

搭配组合 2：职场小 Size 包袋

黑色的小 Size 单肩侧背包时尚与优雅并存，经典的元素永不落俗，用金属链条彰显质感。小巧的版型可以搭配白色绒毛短裙与黑色上衣，将上衣塞入裙子的穿法使整体更显精神与活力。

搭配组合 3：公司会议等场合

公司的会议是个严肃的场合，所以在搭配上一定从简约、低调入手。

中性风的深蓝色手提包能够装一些文件等重要物品，这样的款式也不会显得太过呆板。与微正式的白衬衫和七分长裤搭配提升干练气质与自信气场，即使是主持会议也没在怕的。

搭配组合 4：商务差旅等场合

与上司同行的商务出差旅行在包袋的选择上应该选择多功能的手提包，这样在外办事也不会落下重要的文件物品。

简约的奶茶色手提皮包与深蓝色条纹衬衫连衣裙搭配，既有工作性质上的干练气质也有差旅时光的轻松感，灰色的低跟鞋也将路途的疲累降到最低。

1	2	3	4
5	6	7	8

1 Armani Exchange 阿玛尼 金属色背包
2 D&G 珠宝装饰丝缎手袋
3 Armani 阿玛尼 皮革肩包
4 Miu Miu 缪缪 小马德拉斯山羊皮真皮单肩包
5 Miu Miu 缪缪 白色大丽花皮革单肩侧背包
6 Miu Miu 缪缪 黑色皮革手提包
7 BALENCIAGA 巴黎世家 小穿孔皮革手提包
8 LOEWE 罗意威 拼接色块皮革手提包

七、告别校园穿衣模式才是真正的“入职”

从校园走进职场，是每个人的必经之路。

那些职场“老司机”们一定会告知你，初入职场的“潜规则”首先就是摆脱你的校园稚气，告别你的校园穿衣模式！

职场初体验
学生气 OUT！

初入职场，摆脱校园稚气是关键的一步，第一印象很重要！而服装穿搭最能反映出你的形象。得体的穿搭能把你快速塑造成一个干练、知性的职场新星。

职场意味着专业、竞争、残酷、严谨，它需要的是一个专业、干练、成熟的形象。而校园的穿衣模式较为随性，呈现“稚气”对你的形象大打折扣。你必须要知道的是，老板并不会放心把重大项目交给一个“乳臭未干”的员工来完成！

你的形象代表着你的态度

一个人的能力并不单单体现在你的职业技能，你的外在形象书写着你的“内涵”。脱离校园生活，那就请摆脱“背带裤”吧！外在形象是你思维的缩影，稚气的“校园风”会让老板、同事误认为你的思维、态度还停留在校园生活，没有真正转换到职场。

“学生气”削弱你的话语权

“学生气”意味着年轻，也意味着不成熟，经验少。职场不仅需要专业技能，也需要强大的气场来维持和镇压。在职场生活里，一言一行都要将自己标签为“专业”“成熟”的作风。毕竟谁会在意、相信一个“小孩子”的专业论点呢？“学生气”会让你的话语权重感下降！

职场穿着决定你的未来高度

你的外在形象影响着你的职业高度，成熟、稳重的职业形象能提升你的自信心，给予上司和客户踏实、专业感，让你的职业形象会间接告诉别人：你代表着专业！你可以独当一面！

与“学生气”的衣橱说再见

你的“学生气”除了来自你的谈吐，还来自你的衣橱。

元素

在职场里，除了职场要求，请放弃穿着有卡通、涂鸦等元素单品！请收起你稚气的品味，职场不需要“小可爱”。

颜色

如你对职业装的颜色把控不是很有自信，那就选择黑白灰为主吧！请不要把五颜六色穿在身上去上班，不要让你的荧光绿衬衫、橙色的裤子……踏入办公楼。老板请的是为他工作的员工，并不是“小丑”！

穿衣风格

作为职场小白的你，在着装风格上的选择要注意了！不同的行业，着装风格也大不相同。

如果你即将就业的公司是外企，那么着装风格就应偏向中性风，外企文化注重平衡女性化的气息，而中性风更适用于外企。

如果你即将就业的公司是国企，那你的着装应选择较知性、柔美的服饰，且国企氛围较为传统和严谨，所以在服饰上要选择较保守的方向。

如果你即将就业的公司是媒体、艺术或相对自由开放的职业，那你就可以大方的展示你的个性和品味了！但切记别用力过猛！

上班后，担心自己的风格把控不准确，可以参考自己直系上司的着装风格，跟着领导走，准不会出错！

单品的选择

在上班单品的选择上，可以在现有年龄加 5 岁的基础上找，带成熟特性的单品能提升你的气场和专业形象，尽量避免太过花哨的单品，成熟的女人不喜欢花哨。

做个时髦的“职场人”

告别校园穿衣模式才是真正的入职！即使拥有很强的职业技能，也别忘了做个时髦的 OL！

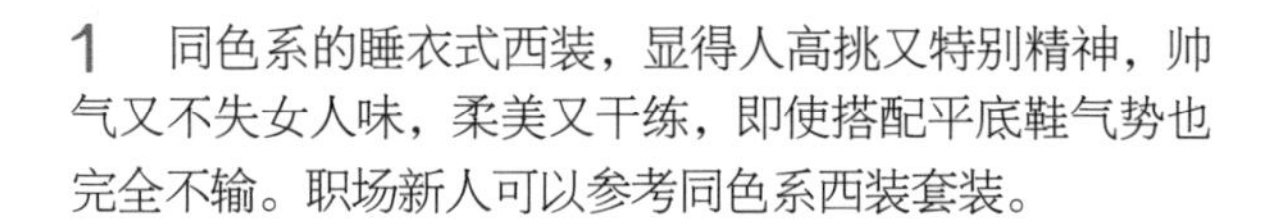

1　同色系的睡衣式西装，显得人高挑又特别精神，帅气又不失女人味，柔美又干练，即使搭配平底鞋气势也完全不输。职场新人可以参考同色系西装套装。

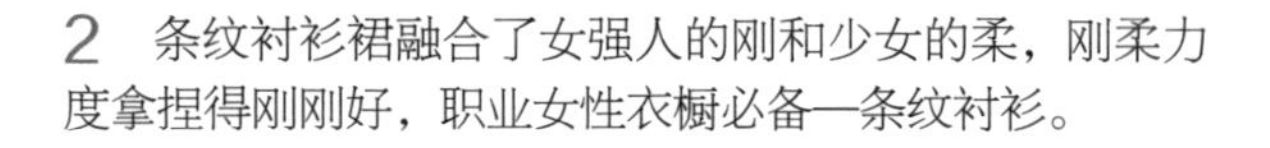

2　条纹衬衫裙融合了女强人的刚和少女的柔，刚柔力度拿捏得刚刚好，职业女性衣橱必备—条纹衬衫。

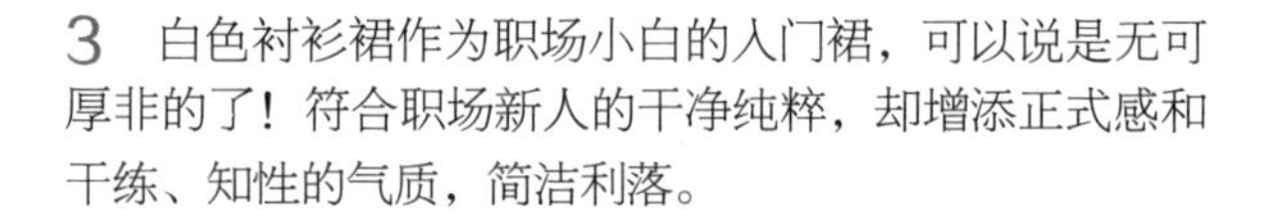

3　白色衬衫裙作为职场小白的入门裙，可以说是无可厚非的了！符合职场新人的干净纯粹，却增添正式感和干练、知性的气质，简洁利落。

4　一个女孩成熟的象征，就是她的衣橱会出现一条铅笔裙。白衬衫加上铅笔裙，职业又时髦，随性又大气！让你的步伐带着笃定和自信。

5　用阔腿裤来搭配衬衫，会为你的办公室造型带来变化和新意。对于腿部线条不自信的职业小白，阔腿裤正好可以扬长避短，很好地修饰腿部线条。

6　温柔而美好的针织衫搭配半身裙，自信又充满魅力。针织衫柔软的质地能很好地勾勒出女性的曲线，不仅适用于日常上班，还适用于商务谈判和下班后的约会。

1	2
3	4
5	6